Mohamed Bouhmadouche

Géologie de la baie de Zemmouri Algerie

Mohamed Bouhmadouche

Géologie de la baie de Zemmouri Algerie

Sédimentologie et Hydrodynamique marines

Presses Académiques Francophones

Impressum / Mentions légales
Bibliografische Information der Deutschen Nationalbibliothek: Die Deutsche Nationalbibliothek verzeichnet diese Publikation in der Deutschen Nationalbibliografie; detaillierte bibliografische Daten sind im Internet über http://dnb.d-nb.de abrufbar.
Alle in diesem Buch genannten Marken und Produktnamen unterliegen warenzeichen-, marken- oder patentrechtlichem Schutz bzw. sind Warenzeichen oder eingetragene Warenzeichen der jeweiligen Inhaber. Die Wiedergabe von Marken, Produktnamen, Gebrauchsnamen, Handelsnamen, Warenbezeichnungen u.s.w. in diesem Werk berechtigt auch ohne besondere Kennzeichnung nicht zu der Annahme, dass solche Namen im Sinne der Warenzeichen- und Markenschutzgesetzgebung als frei zu betrachten wären und daher von jedermann benutzt werden dürften.

Information bibliographique publiée par la Deutsche Nationalbibliothek: La Deutsche Nationalbibliothek inscrit cette publication à la Deutsche Nationalbibliografie; des données bibliographiques détaillées sont disponibles sur internet à l'adresse http://dnb.d-nb.de.
Toutes marques et noms de produits mentionnés dans ce livre demeurent sous la protection des marques, des marques déposées et des brevets, et sont des marques ou des marques déposées de leurs détenteurs respectifs. L'utilisation des marques, noms de produits, noms communs, noms commerciaux, descriptions de produits, etc, même sans qu'ils soient mentionnés de façon particulière dans ce livre ne signifie en aucune façon que ces noms peuvent être utilisés sans restriction à l'égard de la législation pour la protection des marques et des marques déposées et pourraient donc être utilisés par quiconque.

Coverbild / Photo de couverture: www.ingimage.com

Verlag / Editeur:
Presses Académiques Francophones
ist ein Imprint der / est une marque déposée de
OmniScriptum GmbH & Co. KG
Heinrich-Böcking-Str. 6-8, 66121 Saarbrücken, Deutschland / Allemagne
Email: info@presses-academiques.com

Herstellung: siehe letzte Seite /
Impression: voir la dernière page
ISBN: 978-3-8381-4148-0

Copyright / Droit d'auteur © 2014 OmniScriptum GmbH & Co. KG
Alle Rechte vorbehalten. / Tous droits réservés. Saarbrücken 2014

Numéro d'ordre :07/2012-E /S.T

REPUBLIQUE ALGERIENNE DEMOCRATIQUE ET POPULAIRE

MINISTERE DE L'ENSEIGNEMENT SUPERIEUR ET DE LA RECHERCHE SCIENTIFIQUE

UNIVERSITE DES SCIENCES ET DE LA TECHNOLOGIE HOUARI BOUMEDIENE

FACULTE DES SCIENCES DE LA TERRE, DE GEOLOGIE ET DE L'AMENAGEMENT DUTERRITOIRE

Thèse

Présentée pour l'obtention du diplôme de DOCTEUR D'ETAT en Sciences de la Terre

Spécialité : GEOLOGIE MARINE

Par Mohamed BOUHMADOUCHE

Thème

Contribution à l'étude géologique et sédimentologique de la grande baie de Zemmouri (Cap-Matifou Cap-Djinet)

Soutenue publiquement le 01/07/2012, devant un jury composé de :

Mr. GUENDOUZ Mustapha……....Professeur FSTGAT – USTHB …………………….……Président

Mr. BOUTIBA Makhlouf ………….. Professeur FSTGAT – USTHB ……………Directeur de thèse

Mr. BOUTALEB Abdelhak ………….Professeur FSTGAT – USTHB ………………..…Examinateur

Mr. HERKAT Missoum …………….Professeur FSTGAT – UST HB ………………Examinateur

Mr. HEMDANE Yacine………………..Maître de Conférences ESSMAL………….……Examinateur

Avant-propos

Mes premiers remerciements s'adressent naturellement à Monsieur M. Boutiba, qui a dirigé cette thèse.

Je le remercie tout particulièrement pour sa patience, sa persévérance, ses critiques très constructives, ses encouragements, son aide précieuse dans la phase d'écriture de ce manuscrit et lors de la rédaction des publications.

Merci au jury de thèse d'avoir accepté d'évaluer ce travail :

A Monsieur M. Guendouz qui m'a fait honneur en bien voulant accepter de présider ce jury ;

A Monsieur A. Boutaleb pour l'aide apportée ; sa présence en tant qu'examinateur me fait un grand plaisir ;

A Monsieur M. Harkat pour avoir bien voulu examiner ce travail;

A Monsieur Y. Hemdane pour sa gentillesse et pour l'évaluation de cette thèse.

Merci à tous les collaborateurs et intervenants qui ont participé directement ou indirectement à ce travail.

TABLE DES MATIERES

Introduction générale 13
1. Cadre physique de la baie de Zemmouri... 16
1.1. Cadre géographique... . 16
1.2 Cadre géologique...17
1.2.1 Histoire de l'évolution géodynamique de la marge algérienne...........................18
1.2.2. Les principales formations géologiques...21
1.2.2.1. Le socle kabyle...21
1.2.2.2. Les intrusions magmatiques..22
1.2.2.3. Les faciès mio-plio-quaternaires..23
A. Le Miocène..23
* le Burdigalien..23
* Le Langhien-Serravalien (Helvétien)...24
B. Le Pliocène...24
* le Plaisancien..24
* l'Astien..25
C. Le Pléistocène...25
C.1* Le Calabrien..25
C.2* le Sicilien..25
C.3.*Le Tyrrhénien...25
Aspect comparatif entre le Tyrrhénien ouest-algérois et le tyrrhénien est algérois............26
Le Tyrrhénien I.. 27
L'Eutyrrhénien.. 28
Le Présoltanien.. 28
Le TyrrhénienII... 28
-Le Néotyrrhénien... 28
-Le Soltanien... 28
D. L'Holocène...29
1.2.3. Tectonique récente...30
1.3. Morphologie sous marine du plateau continental devant la zone d'étude 31
1.4. CONCLUSION... 33

Chapitre 2. Caractères hydrologiques..34

2.1 Caractères physiques des eaux...34
2.1.1. Températures 34
2.1.2. Salinités..35
2.2 Fonctionnement hydrologique de la Méditerranée occidentale.........................36
2.2.1 Fonctionnement du courant algérien... 36
A : Eaux de surface.. 36
B Eaux intermédiaires et profondes... 37
2.2.2 vitesse du courant algérien... 39

2.3 Environnement climatique et hydrodynamique du littoral est-algérois.................40
2.3.1 Conditions climatiques locales………………………………………………………...40
a/températures……………………………………………………………………................ 40
b/précipitations………………………………………………………………………………...41
c/vents……………………………………………………………………………................ 42
2.3.2. Facteurs hydrodynamiques………………………………………………………….. 45
2.3.2.1. La houle……………………………………………………………………………… 45
2.3.2.2. Les courants………………………………………………………………………….48
2.3.2.2.1. Les courants côtiers………………………………………………………………..48
A. les courants de houle………………………………………………………………….....48
A.1. les courants de dérive littorale…………………………………………………………...48
A.2.1.b les courants sagittaux……………………………………………………………….49
2.3.2.2.2.Les courants de marée………………………………………………………….49
2.3.3 conditions hydrologiques………………………………………………………….50
 2.3.3.1. Réseau hydrographique de la grande baie de Zemmouri……………………50
Caractéristiques des bassins versants……………………………………………………....51

Chapitre 3. MOYENS ET METHODES D'ETUDE ……………………….....**52**

3.1 Campagnes et techniques de prélèvements……………………………………....……52
3.1.1. Le positionnement en mer …………………………………………………………....52
3.1.2. Levé bathymétrique ………………………………………………………………...…53
3.1.3. Les prélèvements en mer……………………………………………………………..53
3.1.3.1 Les prélèvements superficiels par benne preneuse.............………………..…...53
3.1.3.2. Le carottage………………………………………………………......……………54
3.2. Les analyses en laboratoire……………………………………………………………54
3.2.1..Analyse granulométrique de la fraction grossière……………………………….54
Carte des facies……………………………………………………………………………...54
Analyse modale……………………………………………………………………………...55
3.2.2. Analyse granulométrique de la fraction fine …………………………………….. 56
Techniques granulométriques……………………………………………………….…….56
3. 3. Figuration et analyse des résultats de l'étude granulométrique…………………56
3.3.1 Figuration des résultats…………………………………………………………….56
A- Les histogrammes de fréquence ……………………………………………..……….56
B - Les courbes cumulatives…………………………………………………………..…..56
3.3.2. Analyse des résultats…………………………………………………………….. 57
3.3.2.1. Les indices granulométriques……………………………………………..…….57
3.3.2.2. Diagramme de Passega……………………………………………………….....58
3.3.2.3. Indice d'évolution granulométrique N…………………………………………..59
A. Faciès parabolique ………………………………………………………………..……59
B. Faciès logarithmique ……………………………………………………………..…….59
C. Faciès hyperbolique ……………………………………………………………..……..60
3.4. Minéralogie de la fraction grossière…………………………………………..……..60

3.5. MINERALOGIE DES ARGILES...61
3.5.1. Introduction..61
3.5.2. Description de l'appareil 62
3.5.3. Conditions opératoires 63
3.5.4. Les poudres 63
3.5.5. Les argiles orientées 63
3.5.6. Dépouillement des diagrammes RX 64
3.5.6.1. Identification des minéraux argileux 64
Généralités 64
Kaolinite..65
Illite..66
Chlorite. 67
Interstratifiés. 67
3.5.6.2. Méthodes de quantification des minéraux argileux..................................67

Chapitre.4. LES DEPOTS SUPERFICIELS MEUBLES DU PLATEAU CONTINENTAL DE LA BAIE DE ZEMMOURI :SEDIMENTOLOGIE ET MISE EN PLACE........69

Zone occidentale
4.1. CARACTERES SEDIMENTOLOGIQUES ET REPARTITION DES FACIES DE LA FRACTION GROSSIERE... 69
4.1.1. DOMAINE COTIER : 70
4.1.2. DOMAINE MEDIAN 71
4.1.3. DOMAINE DISTAL 71
4.1.4. Description des faciès et leur origines..71
4.1.4.1 Les carbonates 71
4.1.4.2 Le faciès coquillier du large..72
4.1.5 Granularité de la fraction grossière..73
4.1.5.1. CLASSE MODALE I 40-160 µm.. 74
4.1.5.2. CLASSE MODALE 2 160-400 µm.. 76
4.1.5.3. CLASSE MODALE 3 400-6300 µm.. 78
4.1.6. Analyse et interprétation des paramètres et indices granulométriques............... 81
A. Diagramme de Passega... 81
B. Diagramme de répartition de l'indice de classement S..................................... 83
C. Indice d'asymétrie de Skewness..83
4.1.7. Dynamique sédimentaire...84
4.1.7.1. Transport des sédiments..84
4.1.7.2. Influence de la morphologie..84
4.1.7.3. Influence de la granulométrie..84
4.1.8 Minéralogie lourde et légère de la fraction grossière....................................85
4.1.8.1 Nature et répartition des minéraux lourds..86
4.1.8.2. Distribution de la fraction minérale lourde totale......................................87
A. Distribution de la fraction lourde 800-400 µm..88
B. Distribution de la fraction lourde 400-160 µm..89

C. Distribution de la fraction lourde 160-80 µm……………………………………...89
4.1.9. CONCLUSION……………………………………………………………..…90
4.2. CARACTERES SEDIMENTOLOGIQUES DE LA FRACTION FINE…....……92
4.2.1 Répartition de la fraction lutitique…………………………………………….92
4.2.1.1 Les silts grossiers …………………………………………………………...93
4.2.1.2 les silts fins………………………………………………………………… 94
4.2.1.3 les argiles…………………………………………………………………....95
4.3. Caractères granulométriques de la fraction lutitique………………………….96
4.4. Minéralogie des argiles ………………………………………………..………98
4.4.1 Analyse minéralogique de la fraction argileuse………………………………...99
4.4.2 Caractères minéralogiques………………………………………………....100
4.4.3. Distribution des minéraux argileux dans le sédiment superficiel………………100
A. La Kaolinite…………………………………………………………………… 101
B. L'Illite:……………………………………………………………………….. 102
C. La Chlorite………………………………………………………………….... 103
4.5. Conclusion……………………………………………………………….. 104
Origine des minéraux lourds…………………………………………………….. 104
Origine des minéraux argileux……………………………………….................... 105

Chapitre 5. LES DEPOTS SUPERFICIELS MEUBLES DU PLATEAU CONTINENTAL DE LA BAIE DE ZEMMOURI :SEDIMENTOLOGIE ET MISE EN PLACE…………..105

Zone orientale
5.1. CARACTERES SEDIMENTOLOGIQUES DE LA FRACTION GROSSIERE…..106

Introduction…………………………………………..…106
5.1.1 ANALYSE GRANULOMETRIQUE……………………………………...............106
 5.1.1.1 La classe modale A……………………………………………... ………..107
5.1.1.2. La classe modale B……………………………………………………… 109
 5.1.1.3. La classe modale C……………………………………………………....... 110
5.1.1.4. La classe modale D……………………………………………………….. 112
5.1.2.Carte des faciès…………………………………………………………….. 113
5.2 .CARACTERES SEDIMENTOLOGIQUES DE LA FRACTION FINE…....…… 114
5.2.1 Diagramme d'envasement…………………………………………………….. 114
5.2.2 Répartition des lutites : ……………………………………………………… 115
5.2.2.1. Les silts grossiers……………………………………………………… 117
5.2.2.2.Les silts fins……………………………………………………………….. 119
5.2.3. Caractères granulométrique de la fraction fine……………………………...... 120
5.2.3.1. Domaine fluviatile (Oued Isser)…………………………………………….. 121
A. Faciès sublogarithmique………………………………………………………… 121
B. Faciès hyperbolique……………………………………………………………... 121
5.2.3.2. Domaine marin…………………………………………………………….. 122
A.Faciès logarithmique et sublogarithmique……………………………………… 122
B. Faciès hyperbolique…………………………………………………..……... 124

C. Faciès parabolique.. 126
5.2.4. Répartition de la fraction inférieure à 2µm (minéraux argileux):.............. 126
5.2.4.1. DOMAINE MARIN... 126
5.2.4.1.1. La kaolinite.. 127
5.2.4.1.2. L'illite... 129
5.2.4.1.3. La Chlorite... 129
5.2.4.2 DOMAINE FLUVIATILE (Distribution des argiles dans le bassin versant de L'Isser.)…... 131
A. Kaolinite... 131
B. Illite.. 131
C. Chlorite... 131
5.2.4.2.1. Minéraux argileux dans l'oued Isser... 133
5.3. Conclusion :... 134

Chapitre. 6 Modélisation de la dynamique côtière à l'avant côte du littoral occidental de la baie de Zemmouri... 136

6.1 Introduction... 136
6.2 Description des codes de calcul utilisés pour la construction du modèle............ 136
6.3 Simulation de la propagation de la houle à la côte..................................... 137
6.3.1 Construction de la grille bathymétrique du modèle................................ 137
6.4 Les résultats... 138
6.4.1 Les courants induits par la houle.. 144
6.4.2 Les courants de houles... 145
6.4.3 Les transports sédimentaires.. 149
Chapitre.7. Exemple d'application de protection d'une côte région de Boumerdes... 154
Article... 154
CONCLUSION GENERALE... 160
BIBLIOGRAPHIE... 166

Liste des figures

Figure 1.1 : vue aérienne de la zone d'étude..16

Figure 1.2. Coupe géologique montrant les relations entre les différentes unités des Maghrébides : 17

Figure .1. 3 Position des « Maghrébides » 17

Figure1.4: Schéma évolutif d'ouverture et fermeture des bassins en Méditerranée Occidentale 18

Figure 1.5 Schéma évolutif de la Méditerranée Occidentale du Crétacé supérieur au Miocène supérieur..19

Figure1.6 : Reconstitution paléogéographique depuis l'Oligocène en faveur du modèle subduction-extension arrière-arc... 20

Figure 1.7: Comparaison du Tyrrhénien Est-algérois et celui de l'ouest-algérois............. 26

Figure 1.8 Image de réflectivité.. 31

Fig.1.9: Morphologie sous-marine de la Baie de Zemmouri................................. 32

Fig. 2.0a. Diagramme des températures et salinités Station 09............................34

Fig. 2.0b. Diagramme des températures et salinités Station 11..............................35

Figure 2.1 : Circulation des eaux surface en Méditerranée...................................37

Figure : 2.2a, b, c La situation hydrodynamique dans le bassin algérien a: du 1er au 5 juin b: du 6 au 10 juin; du 11 juin à. fin juin (Campagne Mediprod V 1986)...................38

Figure.2.3 : Courant moyen en zone côtière algérienne 39

Figure.2.4 Moyennes mensuelles des températures obtenues à la station de Dar El-Beida entre1970 et1999.. 41

Figure.2.5 : Moyennes mensuelles et annuelles des précipitations 42

Figure 2.6 rose trimestrielle et annuelle des vents (Medatlas 1994-2004)................. 44

Figure.2.7 : Localisation de la station de mesures des vents et houles pour la zone est-algéroise...45

Figure 2.8 rose trimestrielle et annuelle des houles (Medatlas 1994-2004)..................47

Figure 2.9; Courant de dérive littorale...48

Figure. 2.10 Courant sagittal (de retour)..49

Figure.2.11. réseau hydrographique de la zone ouest de la baie de Zemmouri...............50

Figure 3.1: Carte de positionnement des prélèvements côtiers superficiels zone Occidentale...52

Figure 3.2: Carte de positionnement des prélèvements côtiers superficiels zone Orientale..53

Figure.3.3 Représentation des sables et graviers normes du B.R.G.M......................55

Figure.3.4 Diagramme-clé de l'Image CM, à partir duquel on peut déduire les mécanismes de transport actifs..58

Figure.3.5 : Relation entre l'indice d'évolution "n" et le faciès. D'après RIVIERE...............60

Figure..3.6 : Schéma du goniomètre (diffractométrie X) et de son fonctionnement..............62

Fig.3.7 : Diagramme de référence montrant les différentes hauteurs de pics des minéraux argileux (Echantillon B)...65

Figure.4.1. Carte des facies...70

Figure.4.2 distribution des carbonates 72

Figure.4.3 Analyse modale : histogramme de fréquence des sédiments superficiels
Zone occidentale 73

Figure.4.4 : carte de répartition (en taille) classe modale 1..74

Figure.4.5 : 5exemple d'échantillon classe modale 1..75

Figure.4.6 : carte de dispersion (en taille) classe modale1...75

Figure 4.7 carte de répartition (en fréquence) de la classe modale2....................................76

Figure.4.8 : carte de dispersion (en taille) classe modale 2............................77

Figure .4.9a.b: exemple d'échantillon classe modale 2...77-78

Figure.4.10 : carte de dispersion (en taille) classe modale 3..79

Fig .4.11: exemple d'échantillon classe modale 3...80

Fig.4.12 : carte de dispersion (en taille) classe modale 3...81

Fig.4.13: Diagramme de Passega : points expérimentaux..82

Fig.4.14 : Rapport Indice de classement S_0/médiane..83

Fig.4.15:Diagramme de l' indice de classement S_0...85

Fig.4.16: Répartition de la fraction totale des minéraux lourds..88

Fig .4.17Distribution de la fraction lourde 800-400 µm..88

Fig.4.18: Répartition de la fraction minérale lourde 160-80µm..90

Figure.4.19 : Carte de distribution des lutites 92

Figure.4.20 : Carte de répartition des silts grossier..94

Fig.4.21: Carte de répartition des silts fins...95

Figure.4.22 : Courbe granulométrique fine et indice d'évolution N
Faciès type hyperbolique, domaine circalittoral...96

Figure.4.23 : Courbe granulométrique fine et indice d'évolution N

Faciès type sub-logarithmique, domaine infralittoral……………………………..……..97

Fig.4.24 Courbe granulométrique fine et indice d'évolution N
Faciès type parabolique face A l'embouchure de oued Boudouaou………………..97

Fig.4.25: carte de répartition des teneurs en argiles(<2µm) dans les sédiments
Superficiels……………………………………………………………………....101

Fig.4.26: distribution de la Kaolinite dans les sédiments superficiels…………………..102

Fig.4.27 : distribution de l'Illite dans les sédiments superficiels…………………………103

Fig.4.28 : distribution de la Chlorite dans les sédiments superficiels…………………...104

Figure.5.1 :Analyse modale : histogramme de fréquence des sédiments superficiels
de la zone orientale du plateau continental Zemmouri………………………..107

Figure.5.2 : Carte de répartition de la classe modale A (<250µm) zone orientale………… 108

Figure.5.3 : exemple d'échantillon classe modale A……………………………………………108

Figure.5.4 : carte de répartition de la classe modale B (250-630µm) zone orientale…….109

Figure.5.5 : exemple d'échantillon classe modale B (Zr XIII-3)…………………………..110

Figure.5.6 : carte de répartition de la classe modale C 630µm - 1250µm…………111

Figure.5.7 : exemple d'échantillon classe modale C…………………………………………111

Figure 5.8 : carte de répartition de la classe modale D > 1250 µm zone
Orientale……………………………………………………………………….112

Figure. 5.9 : exemple d'échantillon classe modale D…………………………..…………...113

Figure.5.10 Carte des facies de la zone orientale du plateau continental
de la baie De Zemmouri…………………………………………………..……114

Figure.5.11 : Diagramme d'envasement Zone orientale et occidentale…………...115

Figure.5.12 : Carte des lutites zone orientale dans la zone oriental du
plateau continental de Zemmouri……………………………………………116

Figure. 5.13 : Distribution des silts grossiers dans la zone orientale…………….…..118

Figure.5.14 : Distribution des silts fins dans la zone orientale…………………...119

Figure.5.15 : Types de facies et indice d'évolution Domaine marin de l'Isser………..120

Figure5.16 : courbes granulométriques et indice d'évolution n des sédiments fins
de la zone orientale de la baie de Zemmouri……………………………..122

Figure5.17 : courbes granulométriques et indice d'évolution n des sédiments
fins de la zone occidental de la baie de Zemmouri……………………...…..122

Figure.5.18 : courbes granulométriques et indice d'évolution n des sédiments
fins à l'embouchure de Oued-Yasser 125
Figure.5.19 : répartition des minéraux argileux dans les dépôts superficiels……...….…127
Figure.5.20 : répartition de la kaolinite zone orientale……………………………....128
Figure.5.21 : répartition de l'illite zone orientale…………………………………129
Figure.5.22 : répartition de la chlorite zone orientale…………………………….130
Figure.5.23 : Proportions des minéraux argileux dans l'oued Isser et ses affluents…..…132
Figure 5.24 Diffractogramme des échantillons (OI1, OI2,OI3,A2,A3,A4,B2.)….…..…133
Figure. 6.1. Epures de propagation de la houle à la côte dans la zone occidentale
de la Baie de Zemmouri El Bahri………………………………………….………………142
Figure.6.2. : Epures de propagation de la houle à la côte dans la zone occidentale de
la Baie de Zemmouri El Bahri……………………………………………………..…………143
Figure.6.3. : Modèle de courants côtiers engendrés par la houle………………………..146
Figure.6.4. : Modèle de courants côtiers engendrés par la houle………………………..147
Figure.6.5 : houle reelle : lignes de crête………………………………………...148
Figure.6.6 : houle reelle : orthogonales……………………………………………148
Figure.6.7. : Directions du transit littoral entre Ain Chorb et Boudouaou el Bahri……..150
Figure.6.8. : Directions du transit littoral entre Ain Taya et Ain Chorb……………………150
Figure.6.9 : Directions du transit littoral entre le lac de Réghaia et Deca plage…………152
Figure.6.10 : Débit solide moyen déplacé à l'Est de la plage de Réghaia………………….153
Figure.6.11 : Débit solide moyen déplacé à l'Ouest de la plage d'El Kadous.
Projet Amis-SMAPIII. …………………………………………………………………..153

Liste tableaux

Tab.2.0 Position des stations hydrologiques……………………………………………...34

Tab2.1 : Moyennes mensuelles des températures dans la station de Dar El-Beida…………41

Tab2.2 : Moyennes mensuelles et annuelles des précipitations en (mm) au niveau des trois stations Réghaia, Dar El Beida, Barrage El Hamiz ……………..………………………42

Tab2.3 : Superficie et périmètre des sous bassins versant des Oueds Corso, Tatareg Boumerdes, Boudouaou et Réghaia…………………………………………………………………….51

Tab.3 .1 : Corrélation entre l'indice d'évolution n et les domaines du diagramme C.M de PASSEGA. D'après BALTZER………………………………………………………60

Tab.3.2 Comportement des minéraux argileux en fonction du traitement………………...65

Tab.4.1 : Distribution de la fraction minérale "lourde et légère" devant oued Boudouaou, oued Boumerdes et de la zone centrale (pourcentage en poids)…………………………..87

Tableau 4.2. Composition minéralogique des suspensions des principaux oueds d'Algérie….99

Tab.6.1 Spécification modèle de maille bathymétrique………………………………. 138

Tab. 6.2. Résultats simulation de la propagation de la houle à l'aide du module MIKE21–NSW (zone occidentale de la Baie de Zemmouri Direction : N315°à N345°)………………139

Tab.6.3. Résultats simulation de la propagation de la houle à l'aide du module MIKE21–NSW (zone occidentale de la Baie de Zemmouri Direction : N315°à N345°)……………140

Tab.6.4. Résultats simulation de la propagation de la houle à l'aide du module MIKE21–NSW (Zone occidentale de la Baie de Zemmouri Direction : N00°à N15°)……………... 141

Introduction générale

Problématique

Ce travail constitue une contribution à un thème de recherche orienté vers la détermination des phénomènes géologiques géomorphologiques et sédimentologiques en zone côtière. Il s'inscrit dans le cadre d'un vaste programme d'étude du plateau continental algérien.

En effet, Le littoral sableux de l'est algérois est un système vulnérable aux risques d'érosion et de submersion. Cette zone côtière qui s'étend de Cap Tamentefoust à Cap Djinet test menacée par de nombreux facteurs anthropiques (pillage des sables de plage, ruissellement des eaux et infiltrations en falaises littorales) et naturels (élévation du niveau marin due aux tempêtes, etc.). Parmi ces menaces, l'érosion et la modification du milieu côtier sont lourdes de conséquences. A l'heure actuelle, en vue d'une gestion des risques, la prédiction de l'évolution de ces zones littorales devient indispensable.

Afin de répondre à cette problématique et prévoir cette évolution il serait nécessaire de connaître la dynamique sédimentaire côtière et de comprendre les interactions entre les facteurs tant marins ou terrestres qui la contrôlent.

La dynamique côtière est contrôlée par de nombreux facteurs qui agissent à différentes échelles de temps et d'espace. Sur le court terme, l'évolution d'un système côtier micro tidal est influencée par l'action de la houle, des tempêtes, des interactions houle/courant et par la morpho-dynamique des corps sédimentaires littoraux (barres sableuses, cordons littoraux etc.). A plus long terme, la dynamique côtière dépend des variations du niveau marin, de la morphologie héritée et de l'hydrodynamique globale du système.

L'objectif de cette étude est, dans un premier temps, de compléter les connaissances des systèmes littoraux de la grande baie de Zemmouri qui s'étend en termes d'entité géomorphologique du Cap-Matifou (Tamentefoust) jusqu'au Cap Djinet.

Nous nous sommes attachés à caractériser les cortèges sédimentaires et minéralogiques (minéraux lourds et légers) et détritiques transitant par les différents oueds et aboutissant en dépôts marins-littoraux.

La phase détritique grossière nous a amené à déterminer granulométriquement les différentes populations (classes) sableuses transitant par cette zone, ainsi que leurs sources d'apport.

Les fluctuations de la concentration des minéraux lourds dans les sédiments superficiels terrigènes de la plate-forme continentale peuvent être dues à plusieurs facteurs tels que, la source d'apport, les processus sédimentaires d'altération et de transport (Mange et Maurer, 1992 ; Morton et Hallsworth, 1999). Ceci nous amène à utiliser ces minéraux lourds comme traceurs de la dynamique sédimentaire régissant cette région.

En parallèle à ces minéraux lourds et pour une étude minéralogique complète de la fraction fine (inférieure à 40 µm) nous avons également déterminé la nature et établi la cartographie des différents minéraux argileux présents dans les fonds marins littoraux de cette région.

En dernière partie Le secteur littoral étudié est en effet le théâtre d'une importante érosion. Celle-ci se manifeste par un recul sensible de la côte dont les témoins les plus spectaculaires dans le secteur sont visibles à Boudouaou-el-Bahri; à ce niveau l'action érosive de la mer se conjugue avec une action anthropique néfaste: exploitation anarchique des sablières et mauvaise gestion des eaux de ruissellement. Chacune de ces influences sera analysée pour essayer de définir le bilan érosif et déterminer les moyens à mettre en œuvre pour éviter l'accentuation de ces phénomènes.

La relative homogénéité de la côte pourrait nous permettre d'étendre de part et d'autres de la grande baie de Zemmouri les conclusions partielles développées au niveau de l'aménagement de Boumerdes. L'utilité d'une telle démarche se justifie au niveau des retombées appliquées de notre étude au moment où se met en place, dans ce secteur littoral un important programme de génie côtier. Ce dernier est orienté sur le problème de défense des côtes d'agrandissement et réaménagement des ports, de lutte contre l'envasement et pollution, ou encore sur les reconnaissances des sites pour les installations de complexes industriels (centrales thermoélectriques…) et touristiques dans le cadre général du développement des wilayas côtières algériennes.

Organisation de la thèse

La démarche adoptée afin de finaliser cette étude est basée sur plusieurs approches :

- Une approche générale qui permet de placer la baie de Zemmouri dans son contexte physique général (géologique, géomorphologique et climatique). Cela permettra de déterminer ainsi la nature et la position des formations géologiques pouvant influer sur les dépôts marins meubles.

- Une approche climatique et surtout hydrologique continentale et marine mettant en exergue les différents facteurs influant sur les taux et les modalités de transport des sédiments du milieu continental vers le milieu marin.

- Une approche sédimentologique complète des parties occidentale et orientale de la baie pour identifier les processus sédimentaires, les milieux de sédimentation sur le plateau continental et déduire toute la dynamique régissant cette zone.

- Une étude modélisée des phénomènes hydrodynamiques et des transferts sédimentaires conséquents à l'aide d'un logiciel industriel MIKE 21 permettra une meilleure appréciation de la dynamique sédimentaire (schéma des mouvements sédimentaires, magnitude des transports) avec une application et un modèle pratique de protection d'une côte.

I.CADRE PHYSIQUE DE LA BAIE DE ZEMMOURI

1.1. CADRE GEOGRAPHIQUE

L'étude présentée intéresse une portion de la marge algérienne c'est à dire la grande baie de Zemmouri et son plateau continental.

La grande baie de Zemmouri se situe à une quarantaine de kilomètres à l'Est d'Alger (fig.1.1). L'ensemble de la zone étudiée est limité à l'Ouest par Cap Matifou et à l'est par Cap-Djinet.

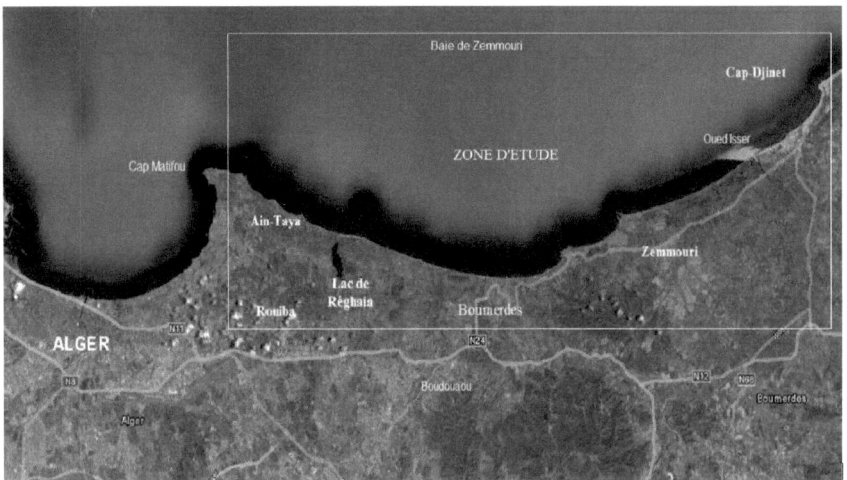

Fig1.1 : Vue aérienne de la zone d'étude (GoogleEarth ,2012)

1.2 CADRE GEOLOGIQUE

Du point de vue géologique, la région de la grande baie de Zemmouri appartient aux zones Internes *des* Maghrébides (fig1.2), segment orogénique de la branche dinarique de l'orogène alpin périméditerranéen (Durand Delga 1969, Durand Delga et Fontbote 1980).

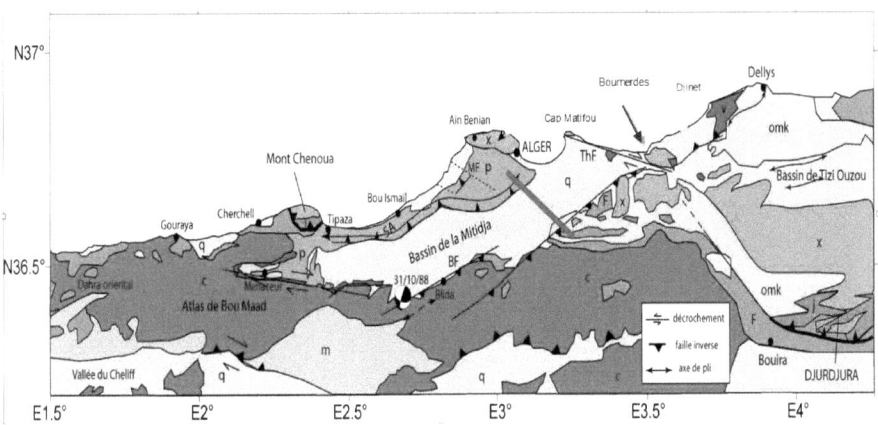

Figure1.2. Coupe géologique montrant les relations entre les différentes unités des Maghrébides :

(Bracène, 2001)

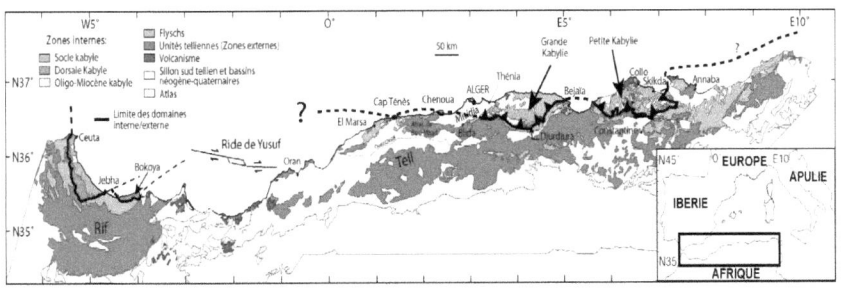

Fig1.3 Position des «Maghrébides» (Domzig et al, 2006)

Ce domaine interne est considéré par ces mêmes auteurs comme faisant partie d'une plaque appelée "plaque d'Alboran". Celle-ci ayant affinité intermédiaire entre l'Afrique et l'Europe.

Structuralement, les Maghrébides se subdivisent en une zone interne (socle et dorsale kabyle avec l'Oligo-miocène et flyschs nord kabyles) et une zone externe constituée par les nappes de flyschs externes (Maurétanien, Massylien) et nappes telliennes (fig1.3)

I.2.1 Histoire de l'évolution géodynamique de la marge algérienne:

Beaucoup d'auteurs ont interprété l'histoire géodynamique du bassin méditerranéen plus ou moins convaincantes on ne citera que quelques-unes d'entre elles, les plus récentes puisque c'est depuis la découverte de la mobilité des plaques tectoniques que les événements se sont précipités.

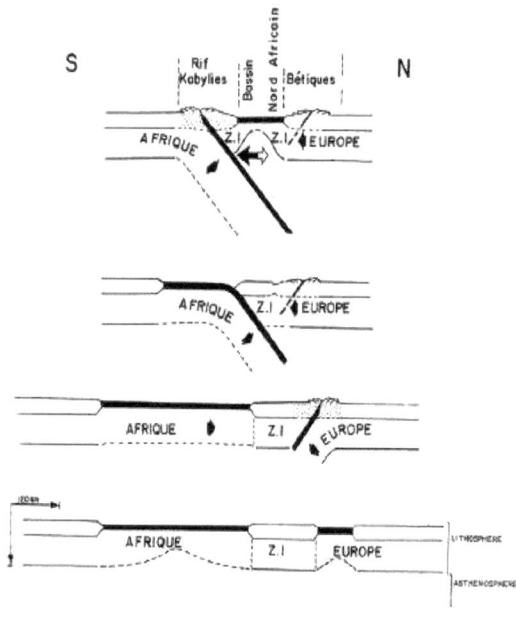

Figure 1.4: Schéma évolutif d'ouverture et fermeture des bassins en Méditerranée Occidentale (au niveau des Kabylies, sur un transect N/S) de l'Eocène moyen (en bas) au Miocène moyen (en haut), d'après Auzende (1978). Z.I. : zones internes.

C'est Auzende (1978), en utilisant une synthèse des résultats existants de plusieurs auteurs propose un modèle d'évolution géodynamique impliquant la fermeture des bassins océaniques mésozoïques téthysiens par subduction de ceux-ci, et l'ouverture conjointe du bassin algéro-provençal (Figure 1.4) (in Domzig, 2006). Il explique la création et formation du bassin en arrière-arc par compression et distension d'où la subduction qu'il date du sud vers le nord datée 76 Millions d'années.

Puis Bouillin et al. En1986 proposent une dérive du domaine de l'AlKaPeCa (Alboran, Kabylie, Péloritains, Calabre) contrôlée par d'importantes failles décrochantes (notamment les failles de Jebha, Nekor, ainsi que les failles Nord-Bétique et Crevillente, (Figure1. 5).

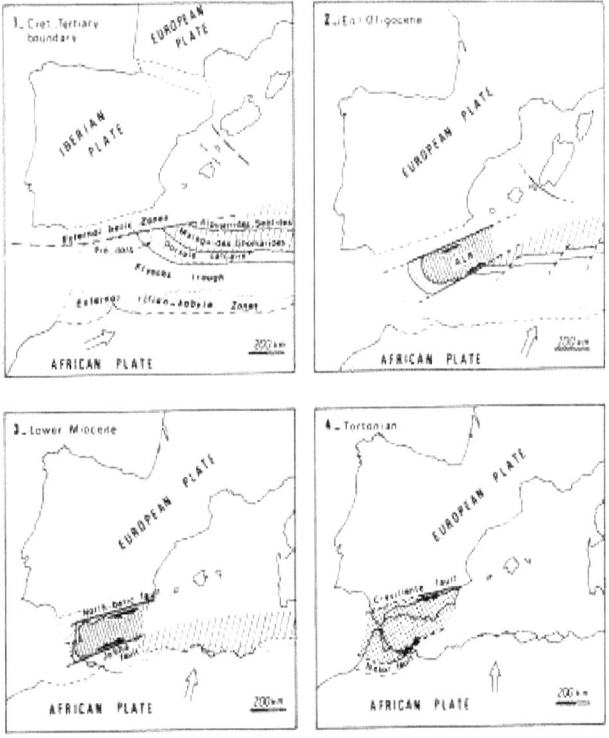

Figure 1.5. Schéma évolutif de la Méditerranée Occidentale du Crétacé supérieur au Miocène supérieur selon Bouillin et al. (1986).

Rosenbaum en 2002 toujours dans la lignée des adeptes de la subduction extension de l'arrière arc, propose la reconstitution paléogéographique suivante(fig. 1.6).

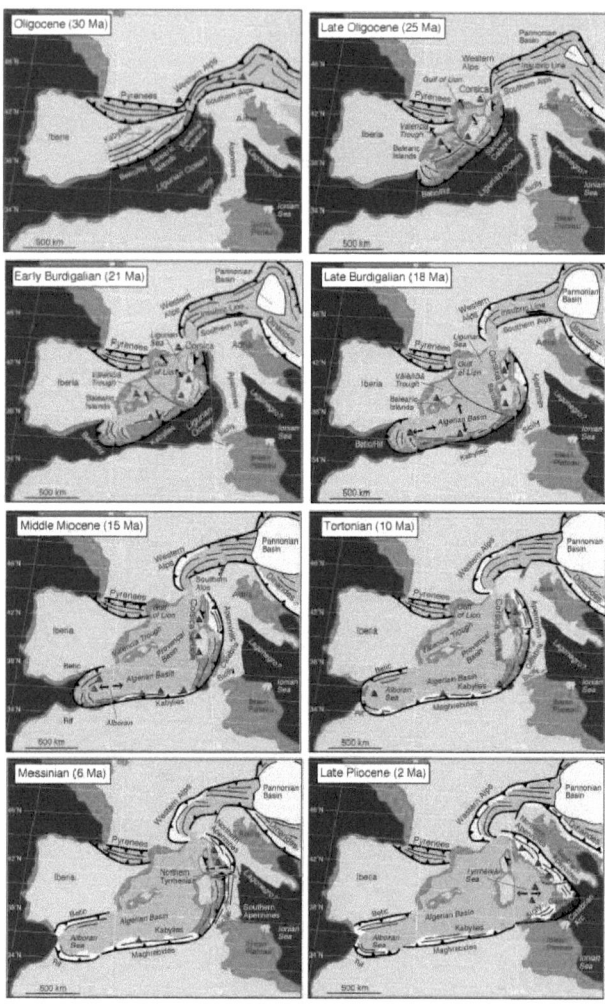

Figure 1.6: Reconstitution paléogéographique depuis l'Oligocène (Rosenbaum et al. 2002) en faveur du modèle subduction-extension arrière-arc.

L'extension de la Méditerranée occidentale a commencé à -32-30 Ma et est principalement contrôlée par la subduction. Le démantèlement rapide de la charnière de subduction a été accompagné d'une convergence relativement lente entre l'Afrique et l'Europe. Comme la convergence ne pouvait pas soutenir une subduction importante, l'extension s'est donc faite sur la plaque chevauchante. Pendant l'extension de l'arrière-arc, les bassins marins se sont formés progressivement du nord au sud, soit par étages amincis de la croûte continentale soit carrément une nouvelle croûte océanique.

Les premiers bassins ont commencé à se former à l'Oligocène dans le golfe du Lion, laMer Ligure et la fosse de Valence. Au début du Miocène, l'extension de l'arrière-arc s'est propagée aux bassins provençaux, algériens et bassins d'Alboran et c'est au Miocène supérieur, que l'extension de la mer Tyrrhénienne a commencé.
leRifting a conduit à la destruction des terrains continentaux, qui ont dérivé et tourné aussilongtemps que la zone de subduction a continué à s'effondrer.La subduction a temporairement ou définitivement cessé lorsque la croûte continentale est arrivée au niveau de la zone de subduction entravant ainsi les processus de subduction. Les terrasses continentales ont ensuite été accumulées aux continents et un considérable raccourcissement de la croûte s'est produit.

Les zones internes sont constituées par les formations antérieures à la dernière phase paroxysmale alpine (Miocène inferieur) et sont limitées au Sud par l'accident Sud kabyle.

1.2.2. Les principales formations géologiques

1.2.2.1. Le socle kabyle

De nature métamorphique, ce socle constitue les massifs anciens formant le pointement du "Rocher noir" à Boumerdes mais aussi à Cap-Matifou et à Alger.

Depuis 1894, de nombreux auteurs se sont succédé pour étudier ce socle

(E. Ficheur, 1894) subdivisait l'ensemble métamorphique de grande Kabylie en gneiss, micaschistes, calcaires cristallins et schistes non datés qu'il attribuait au Précambrien.

J. Thiebault (1951) considère que le substratum de Thénia est constitué par des niveaux peu profonds car les schistes satinés sont prédominants.

G. Bossière (1971) porte une modification à l'idée classique du socle qui serait une série continue. La série métamorphique de Grande Kabylie, selon lui, serait constituée d'un socle gneissique et d'une couverture satinée avec des datations donnant un âge de 570 Millions d'années.

Saadallah (1981), dans son étude sur le massif d'Alger, admet que "par corrélation avec les âges connus en Grande Kabylie, il serait possible que la série soit antécambrienne, ait subi un métamorphisme panafricain et une rétromorphose au cours de l'orogénèse alpine.

Des travaux plus récents (K.Loumi 1989, R. Gani 1989, A.Bettahar 1989, N. Benkerrou 1989) montrent que le socle kabyle est structuré en nappes cristallines dont l'âge de mise en place est, peut-être, éoalpin.

Le socle de Thénia fait partie de ce complexe métamorphique kabyle qui s'étend jusqu'à Boumerdes.

A Boumerdes, le socle métamorphique littoral qui affleure au Nord du massif granodioritique est constitué par deux séries (O. Belanteur 1990):

- Des schistes satinés et des schistes à biotite;
- Des schistes à deux micas avec des gneiss oeillés.

Le faciès à gneiss oeillé forme sur les flancs Nord et Sud du djebel Bouarous un ensemble synclinal de direction Est-Ouest. dont le cœur est occupé par des phyllades grises, des schistes à chlorites et de quartz. Ces unités L'étude microscopique en lames minces réalisée à partir des schistes du "Rocher Noir", a montré un schiste vert très ferrugineux, de bas degré de métamorphisme affecté de deux schistosités (micro cisaillements): une schistosité ancienne, dans laquelle est intercalée une autre schistosité plus récente. Cette dernière, montre des micro plissements (crénulation), avec des minéraux tels que le quartz et la muscovite. Celle-ci est assez abondante et bien cristallisée à l'intérieur des plans de cisaillement.

correspondraient à la série inférieure de G. Bossière.

1.2.2.2. Les intrusions magmatiques

Lesintrusions magmatiques, indurées dans le socle métamorphique, sont localisées au Nord Est de Thénia.

L'étude microscopique de quelques lames minces de ces roches, a montré un granite à texture grenue avec des cristaux altérés.

Leur composition minéralogique se présente comme suit:

- Des feldspaths potassiques (15 %).

La muscovite (10 %).

-des plagioclases, avec une assez forte proportion (30 à 40%)

- quartz, d'une proportion de 20%.

- Amphibole: elle se présente généralement en cristaux automorphes.
- Biotite: elle est souvent observée sous forme de cristaux isolés.
- Tourmaline: Pléochroisme fort dans les tons jaune-brun. Les minéraux accessoires sont représentés par le Zircon, et le Sphène.

Le granite de Thénia d'âge 16 à 20 Ma (O. Belanteur, op. cit) et le volcanisme basaltique de Cap Djinet (R. Degiovanni, 1978) se sont mis en place au cours du stade distensif de la phase alpine à la faveur de laquelle la Méditerranée s'est ouverte. Cet évènement est contemporain de l'ouverture des bassins post-nappe mio-plio-quaternaires dans lesquels se sont déposées des quantités importantes de sédiments détritiques et carbonatés.

1.2.2.3. Les faciès mio-plio-quaternaires

Dans cet ensemble qui constitue la majeure partie du terrain d'étude, sont regroupées les formations post-nappes du Miocène, les sédiments d'âge pliocène et quaternaire résultant des apports provenant du Tell septentrional.

A. Le Miocène

* le Burdigalien

Ce sont des conglomérats rougeâtres, dont les éléments, roulés, ont une taille assez importante (jusqu'à 50 cm de diamètre). Ces éléments sont pris dans une matrice gréseuse grossière. La formation repose sur le socle cristallophyllien et se poursuit par des grès calcareux.

Cet ensemble riche en faune littorale (Turritelle*Orthensis,Ostreacrassissima*) date duMiocène inférieur (A. Muraour, 1956).

Les terrains du Burdigalien s'observent au Sud de Tidjelabine et dans l'Oued Corso. Ces conglomérats forment une bande d'orientation générale Est-Ouest avec une inclinaison de l'ordre de 20° vers le Nord.

* Le Langhien-Serravalien (Helvétien).

Il est constitué de formations volcano-sédimentaires et de marnes argileuses (O. Belanteur, op. cit). L'ensemble volcano-sédimentaire se trouve discordant sur les différentes formations géologiques. Ces roches ont été décrites dans la régionde Dellys par Ficheur (1906) qui leur a attribué un âge oligocène.

Muraour (1956) et Vesnine, (1971) donnaient un âge Miocène inférieur à ces formations grâce à la présence de Pélécypodes langhiens (Aquipecten). Les affleurements de cet ensemble sont observables au contact du granite de Thénia. Ce sont des conglomérats à éléments grossiers granodioritiques à ciment arkosique.

Les marnes sont caractérisées par une couleur grisâtre et des passées gréseuses. Une étude micropaléontologique effectuée dans cette formation (Vesnine, Rapport SONAREM 1969, inédit) a permis de leur attribuer un âge helvétien.

R. Degiovanni (1978) attribue aux marnes grises du Cap Djinet un âge Burdigalien à Helvétien.

Le contact entre les marnes miocènes et le granite de Thénia s'observe à l'Ouest de cette ville longeant l'Oued Boumerdes vers le Nord. Il se fait par l'intermédiaire de la grande faille de Thénia, reconnue par plusieurs auteurs (Muraour, Ficheur op. cit.), et qui pourrait se continuer en mer, dans le prolongement Nord occidental du promontoire de Boumerdes.

B. Le Pliocène.

Au Maghreb, le Pliocène est subdivisé selon 2 faciès successifs

* le Plaisancien

Il correspond à une série de marnes bleues en discordance sur les formations miocènes sous-jacentes. Ces marnes n'affleurent pas dans les falaises littorales de la zone d'étude, sauf dans l'OuedRéghaia et a Ain Taya. A l'Ouest d'Alger cesformations ont été décrites par M. Betrouni (1983).

Toutefois quelques sondages effectués depuis Rouiba jusqu'à Boumerdes ont permis de les retrouver à des profondeurs situées entre -30 et -6 mètres au-dessous du niveau zéro N.G.A, avec une légère tendance au plongement vers l'Est.

* l'Astien

Observées dans les rives de l'oued Corso et plus à l'Ouest dans les falaises d'Ain Taya, les formations astiennes correspondent à des grès carbonatés très coquilliers et bioclastiques.

C. Le Pléistocène

A partirde cet étage, on essayera non seulement de décrire ces formations mais aussi de les situer stratigraphiquement par rapport aux différentes phases climato-sédimentaires.

Le Pléistocène est surtout caractérisé par plusieurs phases glaciaires à partir du Günz. Le passage Astien-Pléistocène n'est pas observé sur le terrain, néanmoins l'étude de R. Anglada 1966, in Saoudi(1982) permet de différencier climatiquement e Calabrien par une faune "froide *(Cyprins Islandica)*.

* Le Calabrien

Ilest caractérisé par un sédiment sableux fin et quelques niveaux argileux surmontés d'une dalle de quelques centimètres d'épaisseur de nature gréseuse (grains de quartz arrondis).

* le Sicilien

Les formations siciliennes sont observées localement au Sud de Boumerdes (Tidjelabine) où elles sont perchées à environ 100 mètres d'altitude. Ces formations sont sub-horizontales, légèrement inclinées vers le Nord, et reposent sur certains dépôts astiens. L'absence du Calabrien à Tidjelabine supposerait unephase d'érosion post-astienne

* Le Tyrrhénien

Le début du Tyrrhénien est représenté par un niveau lumachellique (fig1.7) pris dans un grès fin à ciment carbonaté composant une dalle massive. Celle-ci se poursuit vers le Nord au-dessous des sables de plage pour former en mer le platier du Corso. Localement, le niveau moyen actuel de la mer coïncide avec le début de cette dalle.

Aspect comparatif entre le Tyrrhénien ouest-algérois et le tyrrhénien est-algérois.

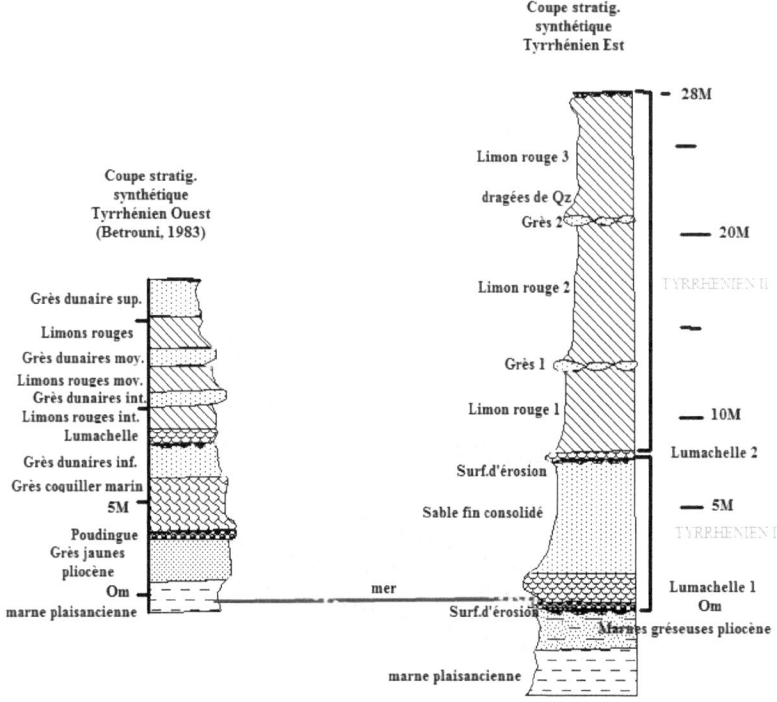

Fig1.7: Comparaison du Tyrrhénien Est-algérois - Ouest-algérois

Afin de mettre en évidence la continuité lithologique du tyrrhénien à l'Ouest et à l'Est d'Alger, nous avons tenté un essai comparatif entre deux séries lithologiques contemporaines: une série à l'Ouest (Betrouni, 1983) correspondant à la baie deBou-Ismaïl et qui comprend stratigraphiquement de hautenbas :

  Grés dunaires supérieurs

  Limons rouges supérieurs

  Grés dunaires moyens

  Limons rouges moyens

  Grés dunaires intermédiaires

  Limons rouges intermédiaires

Lumachelle à Pétoncles rubéfiés

Grés dunaires inférieurs

Poudingue et grés coquillier marin

Substratum Pliocène

Et une autre série à l'Est d'Alger reconstituée à partir d'un log synthétisant 4 coupes stratigraphiques relevées depuis oued Boudouaou à l'Ouest à Boumerdes. A l'Est cette série fait ressortir de haut en bas les formations suivantes:

Limons rouges (à dragées de quartz roulé) (3)

Lentilles gréseuses (2)

Limons rouges (2)

Grés dunaires (1)

Limons rouges (1)

Niveau lumachellique (lumachelle 2)

Sable fin consolidé

Grés coquillier à forte concentration de restes coquilliers (lumachelle 1)

Galets et grés (poudingue ?)

Substratum Pliocène

Ces deux séries lithologiques nous permettent de décrire assez bien l'évolution du Tyrrhénien.

Le Tyrrhénien est subdivisé en deux étages: le Tyrrhénien I et le Tyrrhénien II, séparés par une formation sableuse consolidée dans laquelle on remarque bien une surface d'érosion (partie Est-algéroise) ou un grés dunaire (partie Ouest-algéroise).

- Le Tyrrhénien I comprend deux sous-étages:

A/ L'Eutyrrhénien

Il correspond à la phase inter-glaciaire Riss-Würm. Stratigraphiquement, l'Eutyrrhénien est transgressif sur le substratum Pliocène puis régressif à sa terminaison.

Au dessus de la surface d'érosion (citéeci-dessus), l'Eutyrrhénien commence à l'Est par des grès et des galets jaunâtres, surmontés par un grès lumachellique à la base (lumachelle 1, fig.1.7). Celle-ci s'atténue au fur et à mesure qu'on remonte vers le haut. Dans la zone d'étude cette "dalle" lumachellique n'est pas continue le long de la côte puisqu'elle s'ennoie peu à peu en allant vers le promontoire de Boumerdes.

A l'Ouest d'Alger, l'Eutyrrhénien débute par un poudingue marin surmonté par un grès coquillier hétérométrique. (Betrouni,1983)

b) Le Présoltanien (Eutyrrhénien terminal):

La fin de l'Eutyrrhénien correspond à la phase glaciaire du Würm I.

A l'Est, dans notre secteur d'étude, le faciès typique est un sable clair consolidé (faciès continental), correspondant aux grès dunaires inférieurs de Betrouni.

- Le Tyrrhénien II

Le Tyrrhénien II correspond au Néotyrrhénien, période inter-glaciaire Würm I et II, et au Soltanien en terminologie "pluviale", représentant les 3 phases terminales de la période glaciaire du Würm.

Le Néotyrrhénien

A l'Est comme à l'Ouest, le Néotyrrhénien est situé au-dessus des sables consolidés, il correspondrait à une formation marine lumachellique (lumachelle 2, fig1.7), d'une épaisseur relativement faible.

Le Soltanien:

Représentant la phase terminale du Néotyrrhénien, le Soltanien est situé au-dessus de la lumachelle 2 sans aucune surface d'érosion visible. La partie Est (Boumerdes), présente des formations continentales relativement plus puissantes que celles observées à Bou-Ismaïl (Ouest). Ces formations regroupent trois séquences répétitives "limons rouges-grés", où l'on note quelques passées argileuses, ainsi que des dragées de quartz bien roulées.

D. L'Holocène

La marge algérienne, considérée comme marge abrupte (Mauffret et al 1973, Stanley et al, 1977), se caractérise par un plateau étroit escarpé ayant plutôt un rôle de relais (transit) de sédiments que de zone de dépôt. En effet, les dépôts terrigènes transitent rapidement par la plateforme avant d'atteindre un dépôt préférentiel en bas de pente.

.

La sédimentation holocène sur le plateau continental algérien correspondant à la dernière phase de transgression marine appelée aussi versilienne (J.J Blanc 1966) est composée de 2 épisodes successifs:

-un épisode organogène;

- un. Épisode terrigène.

La phase organogène est constituée par une accumulation de coquilles et des constructions de type coralligène (liées aux fonds rocheux, au climat relativement plus humide et plus froid) Cette phase "ancienne", occupe une position actuelle nettement profonde, donc plus au large par rapport à son faciès de dépôt. Elle se rencontre sur le plateau continental ouest algérois à des profondeurs variant de 80 à 100m.

Jusqu'à Boumerdes vers l'Est, ce dépôt organogène est recouvert par les sédiments terrigènes. En effet, la majorité des carottes effectuées sur le site, bute sur un faciès organogène aux environs d'un mètre de profondeur en dessous du fond marin.

Plus à l'Est vers la terminaison est de la grande baie de Zemmouri on retrouve ce dépôt, mais en lambeaux au moins jusqu'à cap-Djinet (H. Benslama,2001)

La phase terrigène "grossière" des sédiments est représentée par des sables, constitués essentiellement de débris de micaschistes et de gneiss riches en biotite et muscovite. Ces débris proviennent de la désagrégation puis de la dispersion vers le large par l'intermédiaire des courants côtiers, des formations littorales métamorphiques et éruptives (Boumerdes et Thenia).

Le matériel terrigène "fin" apporté par les différents oueds est constitué essentiellement de particules argilo-silteuses.

Dans la baie de Zemmouri, ces apports proviennent essentiellement des oueds Isser et Boudouaou. Ces apports sont actuellement atténués puisque ces deux derniers sont "fermés" par les barrages respectifs de Beni-Amrane et Keddara (mise en eau1986).

La cartographie de ces différents faciès (matériel terrigène fin) a été réalisée par Leclaire (1972). Ce recouvrement caractérise donc la sédimentation de l'Holocène à l'actuel, où le faciès de vase fine argilo-silteuse serait prédominant.

Les apports fins terrigènes seraient contemporains de l'arrivée du niveau marin à son niveau actuel (-4000 ans BP, Caulet 1972).

1.2.3. Tectonique récente

les effets de la tectonique récente (quaternaire) observés et interprétés par les études sismiques actuelles (mission Maradja et mission Spiral)ont eu pour conséquence un soulèvement du bloc littoral- comme cela s'est passé lors du seisme de Boumerdes en 2001-; sur les déviations des canyons et par conséquent du lit des oued au niveau du continent Comme le montre la figure 1.8.

En effet le canyon de Zemmouri '(appelé également canyon d'Alger) présente certaines branches abandonnées au détriment d'autres.

Sur la figure 1.8 qui est une carte des réflectivités on remarque que sa branche ouest présente une faible réflectivité, ce qui suggère qu'elle a été abandonnée. Ceci peut être expliqué par le fait que l'oued Isser, qui drainait ce canyon, a lui-même été dévié plusieurs fois vers l'est, durant le Plio-Quaternaire (Boudiaf, 1996, in Domzig, 2006), ce qui a entraîné un abandon progressif de l'alimentation de la branche ouest. , et éventuellement aussi de la branche Est plus récemment.

D'ailleurs, ceci s'observe bien sur la figure .2.11(cf. chap.2) où les deux branches de l'ancien lit (en rouge sur la carte) correspondent bien à la morphologie de la côte où oued Merdja qui est un petit ruisseau semble bien disproportionné devant l'immensité de sa vallée.

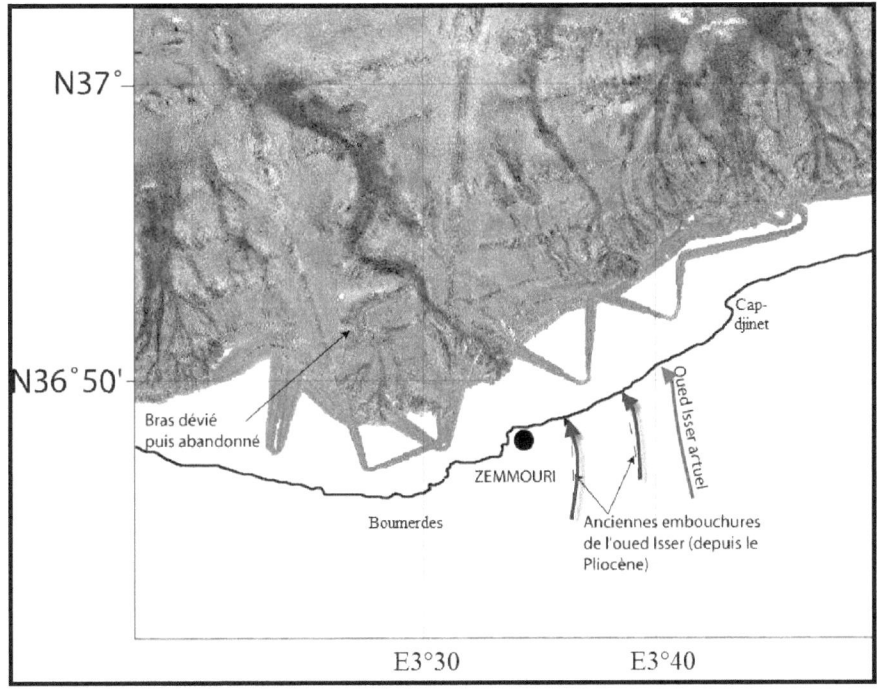

Fig1.8 Image de réflectivité (traitement Ifremer Belle-Image) de la zone au large de Zemmouri. Le caractère réflectif (sombre) indique un fond rugueux, et ainsi une activité relativement récente des canyons (Domzig, 2006).

1.4. Morphologie sous-marine du plateau continental devant la zone d'étude

La carte morphologique de la grande baie de Zemmouri montre un plateau continental (en blanc sur la carte) assez étroit avec une moyenne de 4 km de large (fig.1.9).

D'ouest en est, le plateau continental est relativement étendu au niveau de la baie d'Alger (8 Km), puis se rétrécie devant les iles Sandja-Aguelli pour reprendre de nouveau au droit de oued Réghaia, tout juste à partir de «l'ilot Bounettah». Dans cette région, le plateau mesure 5 km.

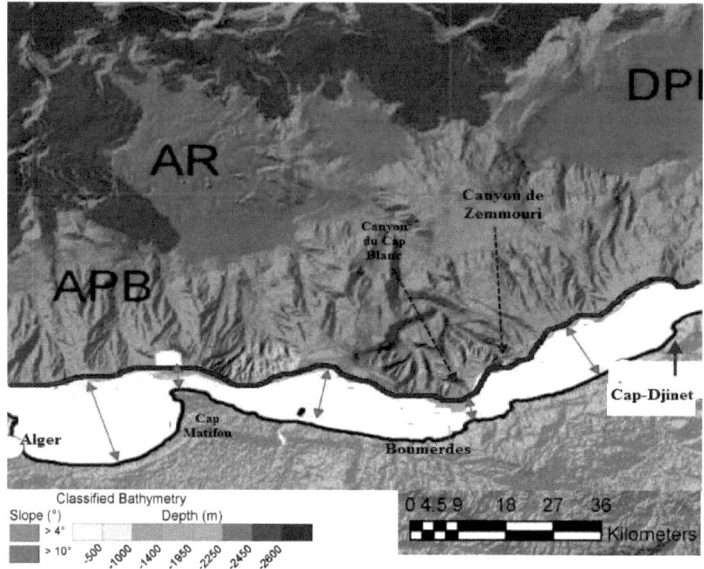

Fig.1.9: Morphologie sous-marine de la Baie de Zemmouri
(Strzerzynski et al. ,in J.Deverchere Mission MARADJA,2009)

La rupture de pente montrant le début du talus continental se situe entre 80 et 150 mètres. Ce dernier est entaillé de canyons à Zemmouri-el-Bahri et au cap Blanc, dont les têtes remontent jusqu'à l'isobathe -50 mètres, à 2000m du rivage, correspondant à la largeur du plateau continental dans cette zone

On remarque que le réseau de chenaux comprenant les canyons cités est orienté grossièrement NE-SW et s'étend latéralement de 18 Km. Avec une même extension en longueur de 18 km. Ce réseau s'estompe à environ 2000 mètres de profondeur.

De Zemmouri à Cap -Djinet le plateau a une largeur moyenne de 4 Km correspondant à la plus grande plage de la région (30 km).

Les petits fonds correspondant aux profondeurs 4 et 5m sont caractérisés par des rides d'avant côte séparés par un sillon.

La ride majeure s'atténue en allant vers l'Est, puis s'atténue dans la partie extrême orientale de la région d'étude. Des affleurements rocheux sont visibles à Boudouaou-El-Bahri et au niveau des plages du Corso. Ces affleurements sont matérialisés par un platier gréso-coquillier.

1.4. CONCLUSION

Les déformations mio-plio-quaternaires sont responsables de la subsidence de la Mitidja et de la surrection des massifs anciens (Alger, Cap Matifou, Boumerdes ...) (Glangeaud 1952)

Ainsi entre les horsts de Matifou et celui de Boumerdes une partie de la côte est-algéroise limitée par les caps cités serait effondrée (terminaison du bassin néogène de la Mitidja orientale.)

Au Pliocène, les marnes bleues plaisanciennes transgressives et discordantes auraient comblé la cuvette formée par les plissements du Miocène inférieur.

Le Pléistocène est surtout caractérisé par les différentes phases climato-sédimentaires, où chaque cycle climatique est suivi d'une régression se matérialisant par des formations continentales.

Le passage Pléistocène-Holocène est marqué par la fin de la dernière glaciation (Würm), montrant ainsi une phase régressive découvrant des fonds de -110 mètres du plateau continental.

L'Holocène, ou encore la transgression versilienne a été caractérisée par un épisode organogène montrant un paléorivage à des profondeurs de 80 à 100 mètres et enfin une sédimentation terrigène atteignant son maximum transgressif (-4000 ans BP), aux alentours du niveau actuel de la mer.

CHAPITRE2 CARACTERES HYDROLOGIQUES

2.1 Caractères physiques de l'eau de mer
2.1.1 ; Températures

Les résultats de mesures des températures potentielles au large de Boumerdes (campagne Mediprod V) ont donné des valeurs oscillant en moyenne entre 14,5°C en surface et 13°C à des profondeurs de 8 00 mètres (mars 1987). Les positions de ces stations sont présentées dans le tableau suivant (tab.2.0) :

N° Station	Date 1987	Heure	Lat.N	Long.E
09	13/03	20H03	37°22'3	3°36'2
10	13/03	22H16	37°27'2	3°26'3

Tab.2.0 Position des stations hydrologiques

Les stations d'échantillonnage hydrologique ont montré des thermoclines saisonnières bien marquées, où l'on note en moyenne une température de surface à 14,48°C.

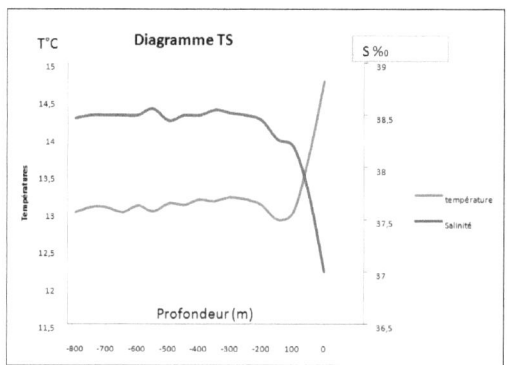

Fig. 2.0a. Diagramme des températures et salinités Station 09

A partir de 200 m jusqu'à 300 m, donc pour une tranche d'eau de 100 m la température se stabilise autour de 13,21°C pour diminuer sensiblement à partir des 400 m d'immersion et atteindre 12,96°C à 800 m .

Les stations 09 et 11(fig.2.0.a et 2.0.b) montrent des thermoclines bien marquées surtout pour la station 11 où l'on note une température de surface à 14.48°C. A partir de 200m jusqu'à 300 m, pour une tranche d'eau de 100m la température se stabilise autour de 13.21°C pour diminuer sensiblement à partir de 400 m de profondeur et atteindre 12.96°C à -800m..

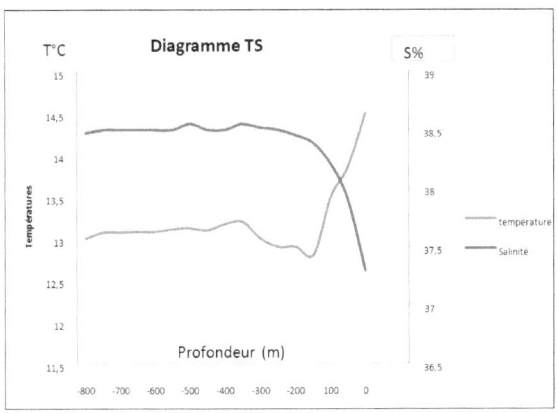

Fig. 2.0b. Diagramme des températures et salinités Station 11

2.1.2 Les salinités

Pour ces mêmes stations, la salinité est comprise entre 37‰ et 38.5‰. La répartition verticale des salinités montre un accroissement de ces dernières de la surface vers le fond. Les faibles valeurs enregistrées dans la tranche superficielle des trois stations hydrologiques sont dues à l'influence des eaux atlantiques.

2.2 Fonctionnement hydrologique de la Méditerranée occidentale

La Méditerranée, bassin semi-fermé, est caractérisée par un bilan hydrologique négatif, c'est à dire un taux d'évaporation supérieur à la somme des apports fluviátiles et des précipitations, ce qui induit donc une concentration relative des éléments dissous. Pour compenser ce déficit, une entrée des eaux atlantiques, par le détroit de Gibraltar, s'opère suivant deux écoulements inverses:
- L'écoulement méditerranéen sort vers l'Atlantique en profondeur avec une eau plus dense et plus salée.
- L'écoulement atlantique entrant en Méditerranée, de densité plus faible, avec un flux d'eau de l'ordre du million de m^3/s, se. fait en surface, La salinité "entrante" est inférieure à

36‰ pour atteindre 37‰ à l'intérieur du bassin Méditerranéen (Lacombe et Tchernia, 1972; Lacombe, -1973 in A. Murât, 1984).

Les eaux atlantiques en Méditerranée sont affectées par les conditions climatiques de la région et donc tributaires du climat méditerranéen. Ceci introduit une différence dans leur façon d'entrer en hiver et en été.

Pendant la saison estivale, du fait de la forte évaporation, une couche d'eau superficielle salée s'installe au-dessus de la thermocline, avec une élévation de la salinité et de la température d'Ouest en Est par conséquent, une densité de plus en plus importante.

Pendant, la saison hivernale (automne-hiver), les salinités sont toujours importantes et sont dues à une évaporation engendrée par les vents d'automne sur la couche superficielle existante. La densité conséquente entraine ainsi des mouvements de convection verticaux détruisant enfin la stratification des densités installée lors de la saison précédente.

2.2.1 Fonctionnement du courant algérien

A. Les eaux de surface

ORCHINIKOV(1966) décrit une circulation des eaux superficielles d'Ouest en Est le long des côtes maghrébines, puis se divise en deux branches à partir du golfe de Bejaia (5°Est), l'une remontant vers le Nord, l'autre continuant vers le détroit Siculo-tunisien à l'Est.

C. Millot (1985); M. .Benzohra et C . Millot (1990) à partir de l'analyse d'images satellitaires et des données in-situ, estiment que le courant algérien est très instable et qu'il génère des tourbillons (50 Km de diamètre) se déplaçant le long de la côte d'Ouest en Est (fig 2.1).

La circulation générale de surface en Méditerranée est relativement complexe de par la géométrie du bassin divisé en plusieurs petites mers (mers d'Alboran, Adriatique, Tyrrhénienne, Ionienne, bassin algéro-provençal, bassin levantin, *etc.*) et sa géomorphologie sous-marine accidentée, composée de bassins d'effondrement profonds (jusqu'à -5121m dans la fosse de Matapan dans la mer Ionienne) séparés par des seuils élevés (Gibraltar, Bosphore, Dardanelles).

la circulation de surface en Méditerranée suit une boucle anticyclonique. L'eau atlantique peu salée pénètre en surface par le détroit de Gibraltar. Au cours de son cheminement dans le bassin, elle est transformée en eau méditerranéenne plus dense qui ressort à son tour par Gibraltar, avec un temps de renouvellement qui en moyenne varie de 50 à 100 ans (Millot et Taupier-Letage, 2005). Les courants de surface influencés par la météorologie et les saisons présentent des variabilités temporelles allant de la journée à la saison et suivent des trajectoires tortueuses (figure ci-dessous montrant la circulation en Méditerranée). Ils peuvent former de grands tourbillons de quelques centaines de kilomètres, dont la durée de vie varie de quelques mois à quelques années.

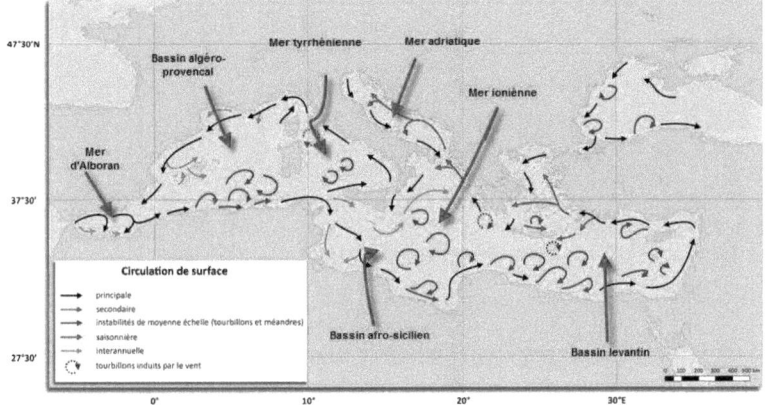

Fig.2.1 Circulation des eaux de surface en Méditérranée
(C. Millot, Taupier-Letage, 2005)

Au large, des tourbillons plus importants (plus de 150 Km de diamètre), entraîneraient des eaux intermédiaires (LIW, Levantine Intermédiate Water) depuis les côtes de la Sardaigne vers le bassin algérien.

Cette instabilité du courant algérien est due à ces tourbillons cycloniques et anticycloniques qui sont eux mêmes générés par des processus advectifs au courant atlantique (C. Millot on cit.). Entre ces tourbillons se forment des cellules côtières de remontées d'eaux profondes (upwelling, fig 2.2 a, b, c). Ces dernières ont pour conséquence un intense mélange entre les eaux atlantiques et les eaux méditerranéennes, ce qui expliquerait l'augmentation de salinité des eaux de surface d'Ouest en Est.

B. Les eaux intermédiaires et les eaux profondes.

De nombreux auteurs ont tenté d'élaborer un schéma de circulation des eaux intermédiaires et profondes dans le bassin de la Méditérranée occidentale

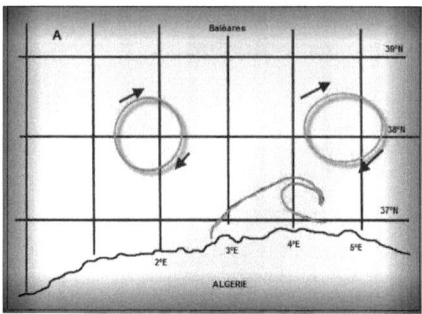

2.2.a: Upwelling côtier situé à la côte et entre 2 tourbillons cyclonique

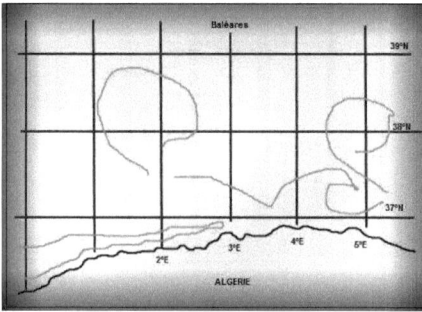

2.2.b : Evolution de l'Upwelling

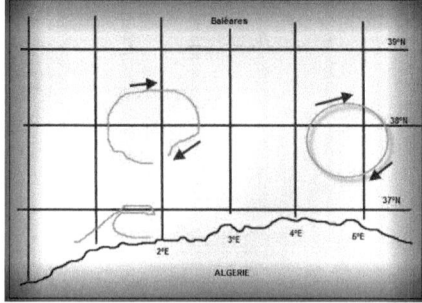

2.2.c : Reconstitution d'autres tourbillons

Fig: 2.2 a, b, c La situation hydrodynamique dans le bassin algérien a: du Ier au 5juin; b: du 6 au 10 juin; du 11 juin à. fin juin
(Campagne Mediprod V 1986)

Ainsi Wûst (1961), utilisant la méthode dite de la "veine", consistant à déduire le déplacement d'une molécule d'eau par l'évolution spatiale d'une de ses caractéristiques (température, salinité..)/ conclut que l'eau intermédiaire en provenance du bassin Levantin se diviserait en 2 branches au niveau du bassin Siculo-tunisien; l'une remontant vers le nord, l'autre longeant les côtes algériennes d'Est en Ouest.

Pour Millot, et d'après les résultats de la campagne Mediprod V, la distribution de cette eau intermédiaire est très complexe. Celle-ci est rencontrée dans l'ensemble du bassin de la Méditerranée occidentale sous une forme plus ou moins mélangée. La circulation de cette eau dans ce même bassin se traduit par une veine qui longe le talus sarde brisée parfois par les tourbillons du large, et l'inexistence d'une veine longeant le talus algérien vers l'Ouest.

Ces eaux intermédiaires présentes dans le bassin algéro-provençal pourraient avoir une autre origine (non encore expliquée) que celle présentée par Wust.

Notons enfin, que d'après Millot, les eaux profondes suivent la même direction d'écoulement que les eaux intermédiaires, puisque de la surface jusqu'au fond et pour une durée de 9 mois (campagne Mediprod V-2, 1987), la circulation des masses d'eau s'est faite vers l'Est (Fig 2.3).

2.2.2. Vitesse du courant algérien

La vitesse de ce courant a été calculée à partir d'enregistrements de courantomètres mouillés à différentes profondeurs; 100m, 300m, 1000m, 2000m, pendant 9 mois (fig 2.3).

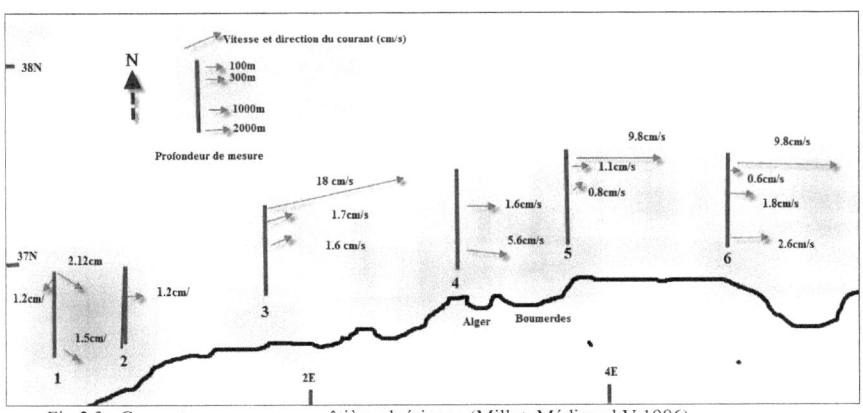

Fig.2.3 : Courant moyen en zone côtière algérienne (Millot, Médiprod V,1986)

Les courantomètres ont été mouillés en général à 25 Km au large des côtes algériennes

A l'immersion 100m les vitesses sont relativement, importantes, de l'ordre de 10 à 2 0 Cm/s. Aux autres immersions, les valeurs s'atténuent et deviennent sensiblement plus faibles: de 1 à 3 Cm/s sauf au point 4 à 2 000m où l'on note une valeur de 6cm/s.

On remarque, en général, qu'à toutes les immersions les courants moyens suivent une même direction portante vers l'Est.

2. 3. Environnement climatique et hydrodynamique du littoral de Zemmouri-Boumerdes

2.3.1. Conditions climatiques locales

Les facteurs météo-océanologiques nous permettent de mieux comprendre le schéma des transferst sédimentaires le long de la côte et leurs conséquence sur l'engraissement ou le démaigrissement des plages.

Le climat méditerranéen se caractérise par quatre saison bien contrastées, un hiver plus que doux; un printemps et un automne parfois très pluvieux e un été sec et chaud.

Pour l'étude des températures et précipitations mensuelles et annuelles, nous avons sélectionné quatre (4) stations pluviométriques, en tenant compte de leur répartition, spatiale par rapport à notre terrain d'étude.

2.3.1.1. Les températures:

Les observations réalisées au niveau de la station de Dar-el-Beida par l'Office National de la Météorologie (ONM) sur une période de 30 ans(allant de 1970 à1999) ans, pour la station de Dar El Beida, ont montré que les températures relevées sur cette période confirment bien le régime climatique méditerranéen avec une saison chaude et sèche et une saison froide et humide. (Tab2.1) et (fig.2.4.).

L'analyse des moyennes mensuelles des températures de la côte Est algéroise montre que la saison estivale s'étale du mois de Mai jusqu'à Octobre ; elle est caractérisée par des températures relativement élevées 24.5°c en Juillet et 25°c au mois d'Août (tab.2.1.).

Pendant la saison hivernale le mois le plus froid est celui de Janvier avec 10.9°c. Les écarts thermiques dans cette zone côtière restent généralement faibles. Ils varient entre 14°C et 15°C. (S.Bouakline.2009)

Mois	Sep	Oct	Nov	Dec	jan	Fev	Mar	Avr	Mai	Juin	juil	Août	annuelle
T°C	23.2	19,4	14,8	12	10,9	11,4	12,6	14	17,8	21,3	24,5	25,1	17.25

Tab2.1 : Moyennes mensuelles des températures dans la station de Dar El-Beida (1970-1999).

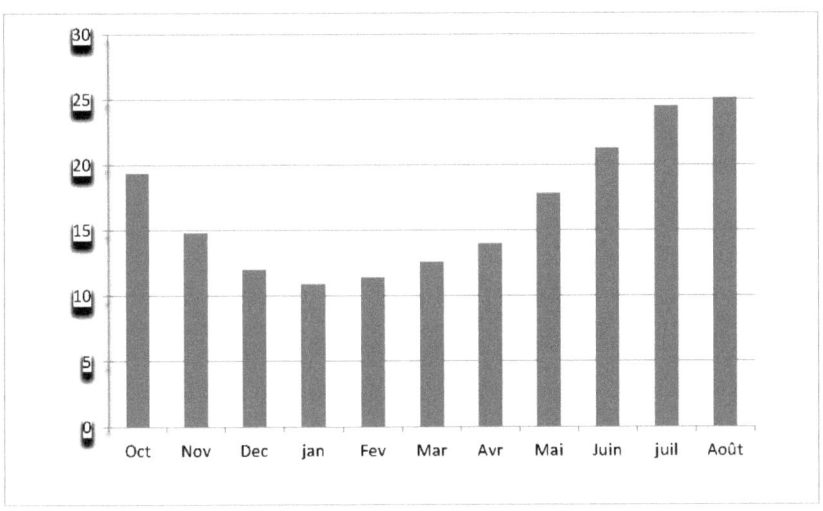

Fig.2.4 Moyennes mensuelles des températures obtenues à la station de Dar El-Beida entre 1970 et 1999. (S.Bouakline.2009)

2.3.1.2. Les Précipitations :

Les données sur les précipitations ont été acquises au niveau de l'Agence Nationale des Ressources hydriques (A.N.R.H) pour trois stations proches du secteur d'étude (Reghaïa Pont RN5, Hamiz Barrage, Dar El Beida Aéroport). Ces données couvrent une période de 32ans allant de 1972 à 2004 (Tab2.2).

L'analyse statistique de ces données nous a permis de tracer les histogrammes des moyennes mensuelles de précipitations (Fig.2 .5). À partir de ces histogrammes, nous constatons que plus de 80% des pluies sont enregistrées entre le mois d'Octobre et celui d'Avril, et 55% des précipitations annuelles sont enregistrées de Novembre à Février, et une contribution de 15%seulement pour la période de Mai à Septembre, les pluies de cette dernière période tombent sous formes d'averses orageuses (S. Bouakline, 2009).

Tab2.2 : Moyennes mensuelles et annuelles des précipitations en (mm) au niveau des trois stations Réghaia, Dar El Beida, Barrage El Hamiz pour la période (1971-2004) (S.Bouakline.2009)

M	Sep	Oct	Nov	Dec	Jan	Fev	Mar	Avr	Mai	Juin	Juil	Août	Annelle
Réghaia	39.9	66.2	92.3	92.2	77.1	81.8	57.8	56.5	39.8	13.2	3.2	2.9	**622.9**
Dar El Beida	33.1	63.2	91.2	97.2	76.8	83.6	72.7	59.6	40.4	11.9	4.5	9.4	**643.6**
Hamiz (Barrage)	37	56.9	88.1	111.9	98.2	99.3	65.7	66.2	51.3	12.9	3.2	6.3	**696.8**

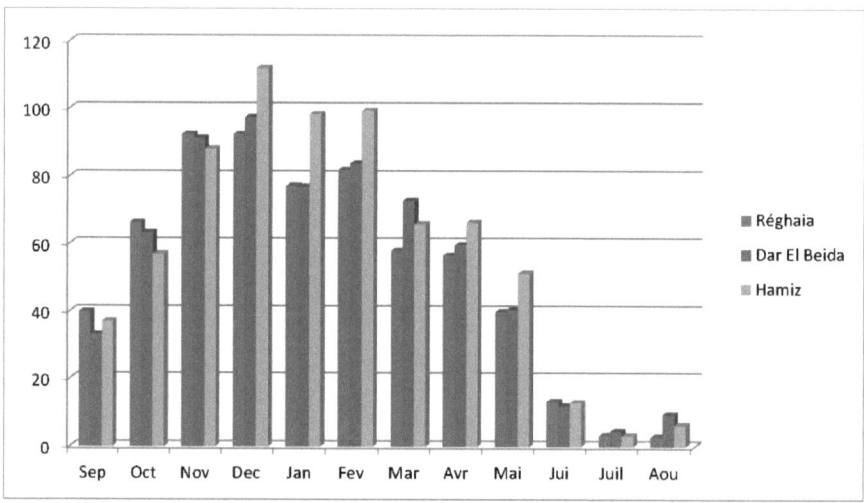

Fig.2.5 : Moyennes mensuelles et annuelles des précipitations en (mm) au niveau des trois stations Réghaia, Dar El Beida, Barrage El Hamiz pour la période (1971-2004) (S.Bouakline.2009)

2.3.1.3. Les vents

Les vents jouent un rôle important dans la dynamique des eaux marines ils sont les générateurs de houles et de certains courants de surface, leurs impacts évolue avec leur vitesse, ils jouent donc un rôle considérable dans l'évolution géomorphologique des milieux littoraux. Ce sont les premiers responsables de l'agitation marine (houles et courants). Ces vents par leurs fréquences et leurs intensités, sont à l'origine d'importantes quantités de sables mobilisées, déplacées et déposées le long des côtes.

L'analyse des régimes de vents, dans notre zone d'étude, a été effectuée à partir des données publiées dans le « WIND AND WAVES ATLAS OF THE MEDITERRANEAN SEA » en avril 2004 à la fin du projet européen «MEDATLAS » développé durant la période 1999- 2004.

Les données dans cet Atlas, sont présentées sous forme de fichiers numériques de fréquences d'apparition des vents par classes de vitesses et par directions. Chaque fichier est le résultat d'analyses statistiques faites sur des observations effectuées aux large des côtes algéroises, plus précisément au point ayant les coordonnées géographiques : 37° N et 3° E, (Fig.14) sur une période de 10 ans allant de 1994 à 2004.

L'analyse statistique des données du « MEDATLAS » nous a permis de calculer la fréquence d'apparition des vents par classe de vitesses et par direction pour chaque saison et pour toute l'année et de tracer les roses trimestrielles et annuelle des vents (Fig.2.6).

L'analyse de la rose annuelle montre que les vents d'Est sont les plus fréquents avec une fréquence d'apparition qui avoisine les 28.98%. Ces vents sont faibles à moyens, leur vitesse moyenne est comprise entre 3 et 9 m/s. Les vents forts avec des vitesses supérieures à 12m/s sont moins fréquents avec 0.1%. Les vents issus de la direction Nord-est représentent 17.5% des vents annuels leurs vitesses varient entre 3et 8m/s. Les vents de tempêtes avec des vitesses supérieures à 12m/s, sont moins fréquents et proviennent essentiellement du secteur ouest et leur fréquence d'apparition annuelle avoisine 1.52%.

Au large des côtes algéroises, les roses trimestrielles des vents montrent des répartitions similaires entre d'un coté l'hiver et le printemps et d'autre coté entre l'été et l'automne.

Durant les deux premiers trimestres de l'année (hiver et printemps) (Fig.2.6.C et D), ce sont surtout les vents issus des directions ouest et Sud-ouest qui dominent avecdes fréquences respectives den 27% et 14 %. Les vents provenant des directions Est et Nord-est sont présents mais avec des fréquences moins élevées 10% à 12%. Les vents avec des vitesses supérieures à 12m/s, représentent plus de 2% et proviennent essentiellement de la direction ouest.

Pour les deux autres trimestres (été et automne) (Fig.2.6.B et E), c'est surtout les vents issus des directions Est et Nord Est qui dominent avec des fréquences respectives de 36% et 26%. Les vitesses enregistrées sont faibles et n'excèdent pas les 9m/s. les vents forts avec des vitesses supérieures à 12m/s sont rares.(S. Bouakline,.op. cit.)

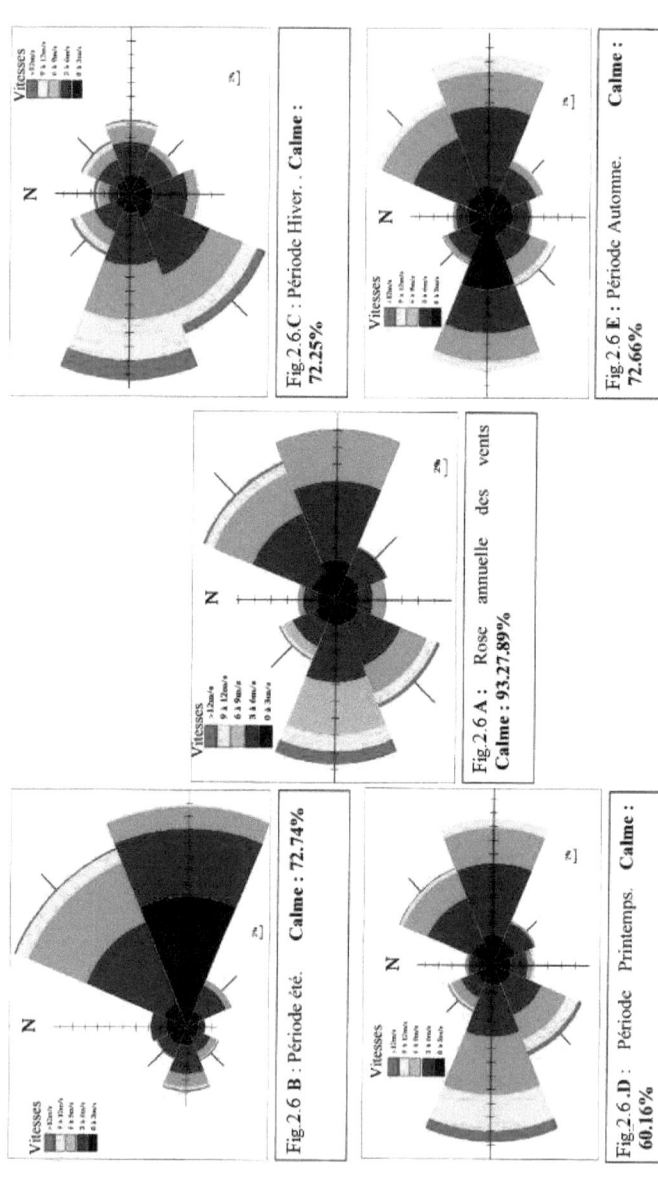

Fig.2.6 : Roses trimestrielles et annuelle des Vents. **Source de données : « MEDATLAS » (1994-2004).**

S.BOUAKLINE

2. 3.2. FACTEURS HYDRODYNAMIQUES
2.3.2.1 LA HOULE :

Les données directes de la région d'étude étant inexistantes, c'est au large des côtes algéroises que nous avons pu recueillir quelques données de houle et de vents regroupées dans «MEDATLAS».

Ces données couvrent une période de 10ans allant de 1994 à 2004, elles sont calculées à partir de 935 points de mesures, répartis sur toutes l'étendu de la mer Méditerranée. Ces données ont été rassemblées, étalonnées, analysées et publiées dans le «WIND AND WAVES ATLAS OF THE MEDITERRANEAN SEA » en 2004.

Les données de houle sont présentées sous forme de fichiers numériques. Elles sont structurées sous forme de tableaux représentant les fréquences d'apparition des houles par classes d'amplitude et par directions.

Pour le site d'étude, les données utilisées sont celles effectuées au large de la baie d'Alger (Fig.2.7 ; plus précisément au niveau du point ayant les coordonnées géographiques : 37° N et 3° E et une profondeur de 2500m.

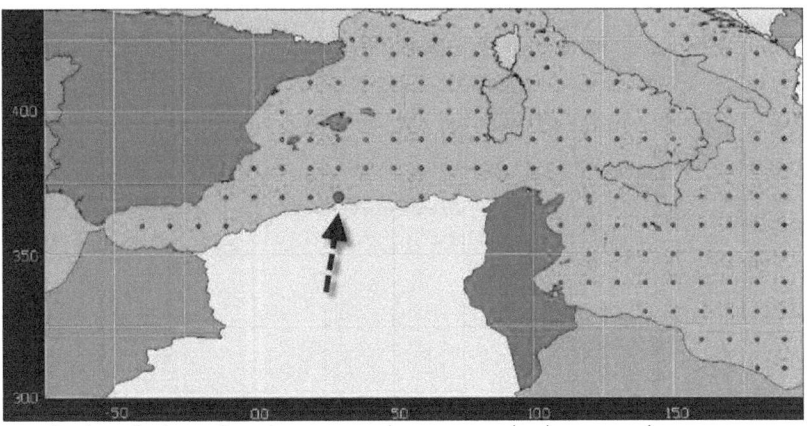

Fig.2.7: Localisation de la station de mesures des vents et houles pour la zone est-algéroise

L'exploitation statistique de ces données acquises nous a permis de tracer les roses des fréquences d'apparition des houles, annuelle et saisonnières, en fonction des directions et des amplitudes (Fig2.8).

Au large des côtes de notre zone d'étude, la rose annuelle des houles (Fig.2.8.A), montre que les agitations qui touchent la côte proviennent des secteurs Ouest, Nord-ouest, Nord et Nord-est. Les houles les plus fréquentes sont issues des secteurs Ouest (N270°) et Nord-est (N60°) avec des fréquences respectives de 12%et 19.8% et des amplitudes maximales <1.5m. Les fortes agitations avec des amplitudes supérieures à 3m sont moins fréquentes et proviennent essentiellement des secteurs Ouest et Nord-ouest.

Par ailleurs, l'interprétation des roses trimestrielles (Fig.2.8) fait ressortir les constatations suivantes :

Les houles des secteurs Ouest et Nord-est sont dominantes avec des fréquences respectives de 20% et 27% environ.

Les fortes agitations marines, dont la hauteur significative est supérieure à 2.5m, se rencontrent surtout pendant les deux saisons automnale et hivernale.

En saison estivale les agitations marines sont moins fréquentes. Les houles dominantes arrivent essentiellement du Secteur Nord-est (N60°). L'amplitude maximale de ces houles ne dépasse pas en générale 1.75m.

En automne et au printemps, les perturbations marines sont issues des secteurs ouest (N270°) et Nord-est (N60°). Les amplitudes significatives enregistrées varient entre 0.75m et 3m. Durant la période hivernale (Fig.2.8.B), les agitations marines arrivent du premier quadrant et du quatrième quadrant avec trois directions essentielles ; l'Ouest (N270°), le Nord (N00°) et le Nord-est (N60). Les fortes agitations marines avec des amplitudes supérieures à 3m sont moins fréquentes 2 à 4% et proviennent essentiellement du secteur ouest.

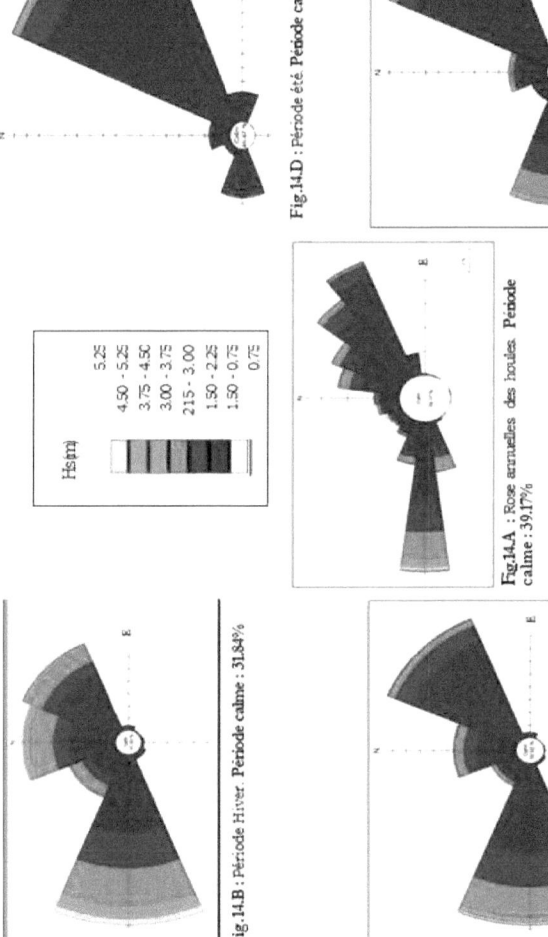

Fig.2.8   Roses Trimestrielles et annuelle des houles. Source de données : « MEDATLAS » (1994-2004)(S BOUAKLINE 2009)

2.3.2.2. LES COURANTS

2.3.2.2 1 Les courants côtiers

A. Courants de houles

Sur les côtes algériennes, les courants induits par la houle sont les plus importants. "Ils sont les seuls à agir de façon active sur la sédimentation actuelle. (J.Caulet 1972)

A.1. Les courants de dérive littorale

Pour les houles de moyenne à faible amplitude les courants ne sont appréciables que dans la frange côtière (fonds de 0m à 10m) (Fig :2.9) . C'est dans cette zone, que les courants de dérive littorale interviennent dans le transport latéral des sédiments (Eckman 1923, Sheppard et inman 1950) et par conséquent dans les transits littoraux.

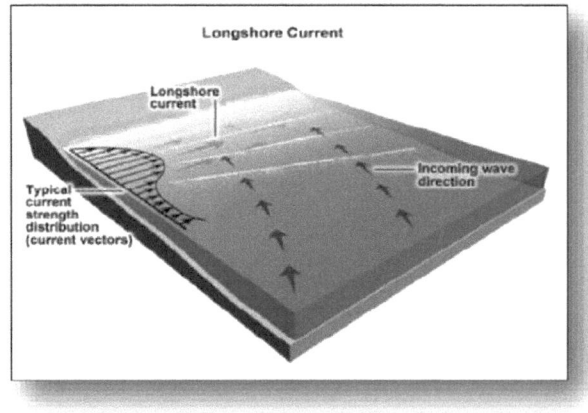

Fig2 .9 ; Courant de dérive littorale

Le courant de dérive ne peut être effectif que si la houle atteint la côte avec un angle d'incidence de 50 à 60° (Sitarz 1963).

Ces courants généralement parallèles à la côte (fig. 2.10), sont convergents dans les baies et divergents au niveau des caps. Ils sont matérialisés par les plans de vagues (intensité et position).

A.2. Les courants de retour (sagittaux)

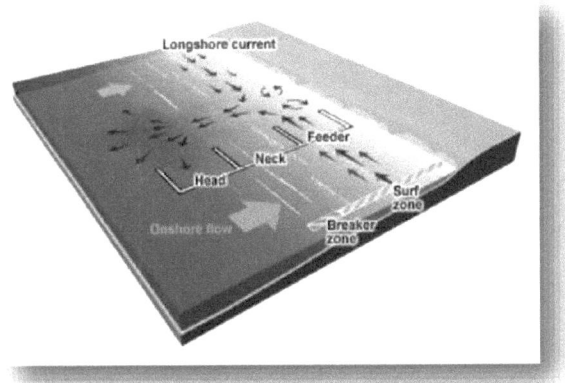

Fig.2.10 Rip-current (courant de retour)

Ces courants sont produits par les houles frontales du Nord et du N.N.E dans la zone de Boumerdes.

Puissantes et fréquentes en période hivernale, ces houles arrivent de manière frontale par rapport à la côte. Comme certaines plages (Boumerdes, Corso, ain Taya) sont très réduites en cette saison, le déferlement a lieu contre le pied de falaise; il s'en suit une érosion par affouillement prononcé. Les sédiments arrachés aux falaises sont repris par ces courants puis transportés vers le large, lorsque ces courants sont très importants, on assiste à un véritable lessivage de la plage sous-marine où le platier gréso-coquillier du Corso peut être mis à nu.

2.3.2.2.2 Les courants de marée

Ces courants restent inconnus en Méditerranée ou du moins leurs effets ne sont pas conséquents sur les côtes.

En effet, sur le littoral algérien, l'amplitude de la

marée (appelée plutôt seiche), est de l'ordre de 30 cm, valeur trop faible pour créer un courant de marée.

2.3.3. Conditions hydrologiques Réseau hydrographique

La région de Zemmouri est caractérisée par un réseau hydrographique constitué d'Est en Ouest par les oueds Isser, Merdja Boumerdes, Tatareg, Corso et Boudouaou (fig 2.11).

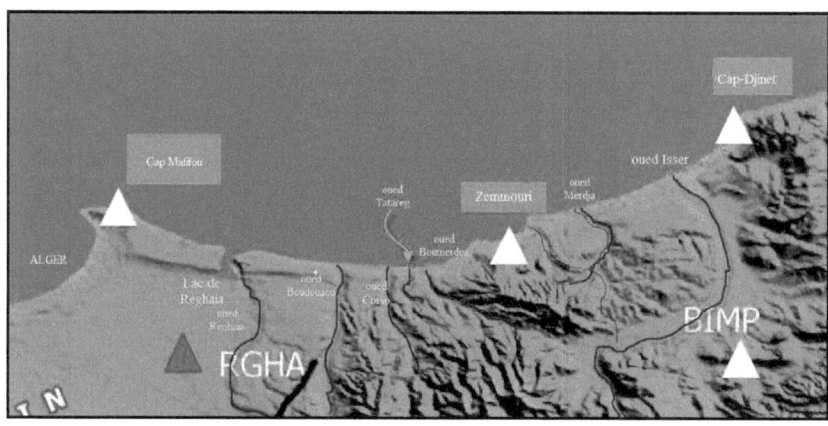

Fig.2.11 réseau hydrographique de la zone ouest de la baie de Zemmouri

2.3.3.1. Réseau hydrographique de la grande baie de Zemmouri

L'abondance des eaux superficielles et souterraines dans la région de Boumerdes, a le plus souvent occasionné des dégâts importants lorsqu'elles sont mal drainées.

Naturellement la région de Boumerdes est découpée en six (6) sous bassins versants, appartenant à deux bassins versants qui sont :

➢ Les côtiers Algérois.
➢ L'Isser.

L'ensemble de ces sous bassins versants sont drainés par des oueds qui se déversent dans la mer, et présentent un écoulement de direction Sud Nord.

Notre zone d'étude intéresse le bassin versant des côtiers Algérois. Il est caractérisé par un réseau hydrographique constitué d'Est en Ouest par les oueds : Isser, Merdja, Boumerdes, Tatareg, Corso, Boudouaou et Réghaia.

2.3.3.1.1. CARACTERISTIQUES DES BASSINS VERSANTS :

La superficie des bassins versants des cinq (5) oueds de la Wilaya de Boumerdes représente 11,7 % de cette wilaya. Le bassin versant de l'oued Isser avec 88.3% reste le principal vecteur hydrologique de la région de Boumerdes (tab.2.3.).

Tab .2.3 : Superficie et périmètre des sous bassins versant des Oueds Corso, Tatareg Boumerdes, Boudouaou et Réghaia.

Sous bassins versants	Superficie (Km^2)	Périmètre (Km)	Débit (m^3/an)
Oued Tatareg	12,75	18,75	b.v. entièrement urbanisé
Oued Boumerdes	40,75	33,65	8.10^6
Oued Corso	92.5	46,7	18.10^6
Oued Boudouaou	150	--	37.10^6
Oued Réghaia	86	--	$9,2.10^6$

Les conditions climatiques et pédologiques des bassins versants de ces oueds facilitent l'érosion et le ruissellement. En Eté, les lits des oueds sont réduits à de minces filets d'eau, alors qu'en hiver leurs crues peuvent être violentes.

Dans le secteur d'étude, les deux oueds considérés comme importants sont les oueds Isser et Boudouaou. Actuellement, ces derniers sont "fermés" respectivement en amont par les barrages de Keddara et Beni Amrane, réduisant ainsi considérablement les 2 apports sédimentaires majeurs vers le milieu marin. Il faut noter toutefois que pendant les crues (en moyennes 3 ou 4 crues annuelles) les apports sédimentaires ne sont pas du tout négligeable.

Chapitre 3. MOYENS ET METHODES D'ETUDE

ETUDE SEDIMENTOLOGIQUE DES FORMATIONS SUPERFICIELLES MEUBLES

3.1 Campagnes et techniques de prélèvements

Les différentes campagnes sédimentologiques ont été conduites en plusieurs missions suivant les aléas du temps.

3.1.1. Le positionnement en mer

Pour des raisons de commodité vu la longueur de la région d'étude et pour une lecture facile, nous avons subdivisé le terrain en 2 zones : une zone occidentale s'étalant de Cap-Matifou à Boumerdes (fig.3.1) et une zone orientale de Boumerdes à Cap-Djinet (fig3.2).

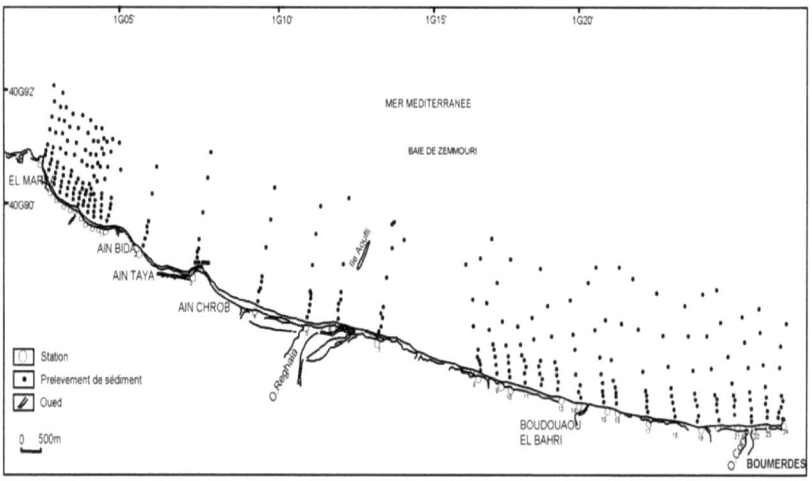

Fig 3.1: Carte de positionnement des prélèvements côtiers superficiels zone occidentale

Le positionnement des prélèvements du large effectués par benne et par carottage a été réalisé par le radar de bord du navire océanographique "M.S Benyahia". Les prélèvements côtiers ont été positionnés à l'aide de théodolites à partir de stations fixes à terre.

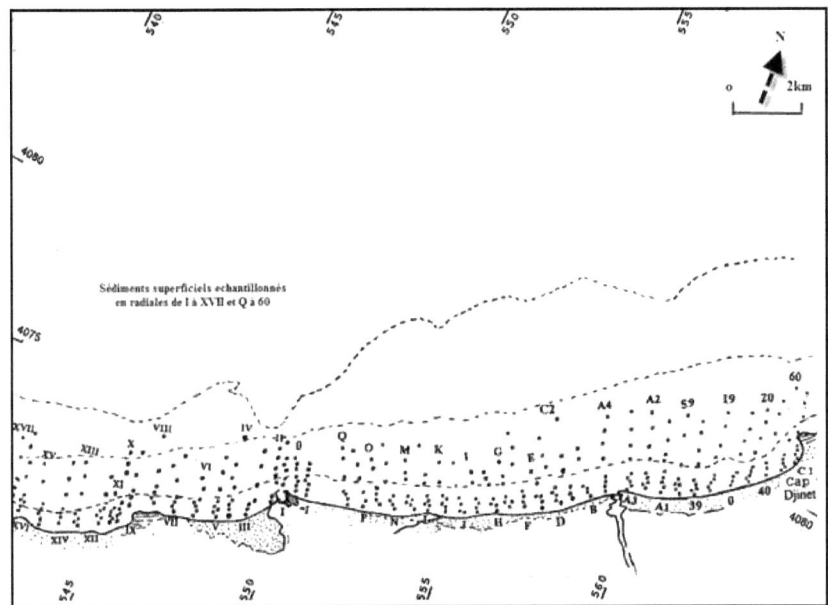

Fig 3.2: Carte de positionnement des prélèvements côtiers superficiels zone orientale
(H .Benslama, 2001)

3.1.2. Levé bathymétrique

Le levé bathymétrique côtier (-2 à -30 mètres) a été effectué à l'aide d'un sondeur bathymétrique « Fahrentolz » de type « Ultragraph » avec une largeur utilede papier de 180mm.

Ce levé a été construit suivant la maille utilisée pour les prélèvements sédimentaires côtiers, selon les mêmes profils transversaux.

3.1.3. Les prélèvements en mer

3.1.3.1. Les prélèvements superficiels par benne preneuse

La couverture sédimentologique de la zone d'étude a été échantillonnée en deux étapes .Les prélèvements à la côte (0-2500 mètres côte -large) ont été effectués à l'aide d'une embarcation pneumatique. Pour ces derniers l'échantillonnage a été réparti sur 82 radiales (35 pour la zone occidentale de la baie et 47 pour la zone orientale).

De la côte vers le large, chaque radiale renferme 8 échantillons en moyenne, répartis selon une maille de 100 mètres pour les 5 premiers puis une maille de 500 mètres pour les 3 derniers. Au total 650 prélèvements côtiers ont été opérés.

Les prélèvements du large ont nécessité un support nautique plus élaboré, en raison de l'approche plus régionale de l'étude.

Cet échantillonage a été concrétisé au cours de la mission "Mediprod V" à bord du navire océanographique "M.S.Benyahia". Ainsi 37 prélèvements ont été réalisés jusqu'à des profondeurs de l'ordre de 200 mètres.

Tous les prélèvements superficiels ont été exécutés à l'aide de deux modèles de bennes preneuses de type Van veen, marque "HYDROWERKSTATTEN", avec une pénétration de l'ordre de 30 centimètres pour les sédiments à la côte et de 60 cm pour ceux du large.

3.1.3.2. Le carottage

5 carottes ont été prélevées pendant la mission "Médiprod V", à l'aide d'un carottier « Kullenberg » par gravité d'une longueur de lance de 150 cm et de 11 cm de diamètre. Le taux de récupération a été de l'ordre de 1mètre.

3.2. Les analyses en laboratoire

3.2.1..Analyse granulométrique de la fraction grossière

*Carte des facies

Pour la détermination des faciès, nous avons utilisé une méthodologie cartographique suivant les normes du B.R.G.M.qui exprime les rapports entre les diverses classes granulométriques en adoptant des coupures des tailles allant de 20mm à 40µm (fig.3.3).

Les subdivisions principales sont les suivantes

S1 graviers de 20mm à 2000µm correspondant à plus de 60% de graviers;

S2 entre 40 et 60 % de graviers ;

S3 entre 20 et 40% de graviers ;

S4 sables grossiers et moyens de 2000µm à 500 µm à moins de 20% de graviers ;

$S_{5.6.7}$. Sables fins de 500à40 µm ; cette dernière subdivision sera partagée à son tour à plusieurs fractions :

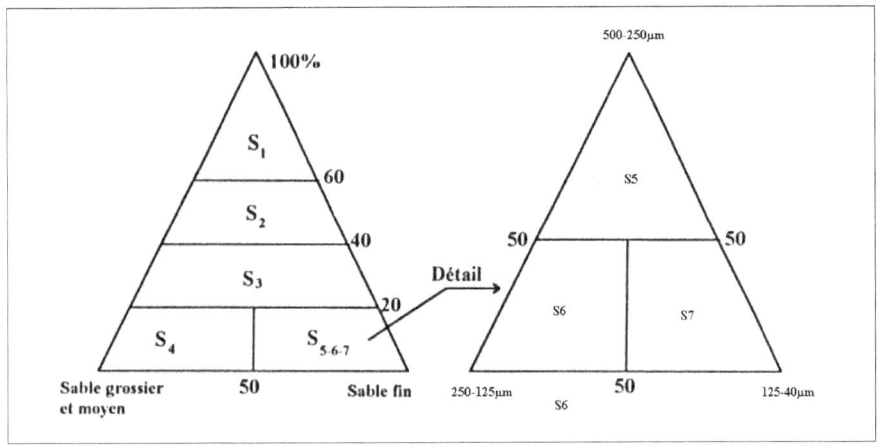

Fig.3.3. Représentation des sables et graviers normes du B.R.G.M.

S_5: de 500 à 250µm

S_6 de 250à 125µm

S_7,: de 125 A 40µm

* **Analyse modale**

L'étude d'un sédiment passe par une séparation de la fraction grossière (supérieure à 40µm) de la fraction fine (inférieure à 40 µm).

Sur la fraction > à 40 µm, non décalcifiée, on a procédé à un tamisage classique sur une série de tamis, dont les mailles suivent une progression géométrique de raison $\sqrt[10]{10}$ (maille AFNOR).

La distribution granulométrique des sédiments permet de reconstituer les conditions hydrodynamiques du milieu de dépôt, ainsi que les modalités du transit sédimentaire résultant.

Une analyse modale a été jugée nécessaire pour quantifier les variations de chacun des stocks sédimentaires. Cette analyse des modes est basée sur la fréquence d'apparition de ces stocks selon leur valeur dimensionnelle.

3.2.2. Analyse granulométrique de la fraction fine

L'analyse granulométrique a été menée suivant le protocole classique qui consiste en une séparation de la fraction fine par tamisage humide à 40 µm. La fraction inférieure à 40 µm est soumise à une attaque à l'eau oxygénée (H2O2 3 0 volumes) afin d'éliminer la matière organique, des associations argile-matière organique. Une seconde attaque à l'acide chlorhydrique (HCl N/10) est effectuée pour éliminer les carbonates.

* Techniques granulométriques

Deux techniques ont été utilisées pour l'étude distribution granulométrique de cette fraction:

- la technique de la pipette d'Andreasen,

- la technique automatique par Sédigraphe.

Ces 2 techniques sont basées sur l'évaluation de la vitesse de chute des particules élémentaires selon la loi de .Stockes:

$$V = 2/9g \frac{ds*dl}{\delta} x^2$$

V: vitesse de chute de la particule en cm/s .

Où g = accélération de la pesanteur, ds = densité des particules, dl = densité du liquide,

δ = viscosité du liquide (en poises) à la température de l'expérience,

x = diamètre (en cm) des particules supposées sphériques.

3. 3. Figuration et analyse des résultats de l'étude granulométrique

3.3.1 Figuration des résultats

A - Les histogrammes de fréquence

Exprimés en coordonnées semi-logarithmiques, ces histogrammes permettent de mettre en évidence les stocks sédimentaires majeurs constituant l'échantillon, et, déduire ainsi certaines anomalies dans la suite dimensionnelle pour individualiser chaque classe modale.

B - Les courbes cumulatives

A partir des résultats de l'analyse granulométrique, on trace des courbes cumulatives semi-logarithmiques représentées par le pourcentage cumulé des refus de tamis en ordonnées (ordonnées arithmétiques) et le diamètre des particules correspondantes en abaisses (abscisse en Log des tailles). Ces courbes représentent donc la fréquence d'apparition de chaque classe de tailles des grains.

3.3.2. Analyse des résultats

3.3.2.1. Les indices granulométriques

A partir de ces courbes, certains paramètres sont extraits pour déterminer les différents indices granulométriques:

- Les quartiles:

* Q1 dimension dont l'ordonnée représente 2 5 % de l'échantillon.

* Q3 dimension dont l'ordonnée représente 75 % de l'échantillon.

: .- Les déciles:

* Q_{10} et Q_{90} dimensions correspondant respectivement à 10 et 90 % de l'échantillon.

- Les centiles:* d_3 et d_{99} dimensions correspondant respectivement à 1 et 99 % de l'échantillon.

- La médiane Q_2 dimension correspondant à 50 % de l'échantillon.

- L'indice de classement de Trask ou Sorting Index est calculé suivant la formule:

$$S_0 = \sqrt{\frac{Q_3}{Q_1}}$$

Il caractérise l'étalement de la courbe. Les valeurs de So sont toujours positives. Plus la valeur de So s'éloigne du zéro, plus le classement est mauvais (Trask, in Rivière, 1977)

So < 2.5: sédiment très bien classé

2.5 <So< 3.5: sédiment normalement classé

3.5 <So< 4.5: sédiment assez bien classé

So > 4.5: sédiment mal classé.

- L'indice d'asymétrie Skewness (Sk):

$$S_k = \frac{Q_3 * Q_1}{Q_2^2}$$

Cet indice caractérise le défaut de symétrie de la courbe par rapport à la médiane.

Sk > 1: Cette éventualité traduit une prédominance des grains de diamètre supérieur à la médiane (mode > à la médiane).

Sk = 1 La symétrie est parfaite par rapport à la médiane, traduisant ainsi une fraction fine autant représentée que la fraction grossière (médiane et mode confondus).

Sk < 1 Cette configuration induit la prédominance des grains de diamètre inférieur à la médiane (mode < à la médiane).

- **Le diagramme de Passega**

Le diagramme de Passega est une méthode d'interprétation du mode de mise en place du sédiment détritique.

Ce diagramme CM est un graphique de type nuage de points, à axes gradués de façon logarithmique et il met en rapport les valeurs C et M extraites de la courbe cumulée de distribution des tailles de particules. La valeur M correspond au diamètre médian des particules de l'échantillon (aussi appelé d_{50}), ou encore le diamètre pour lequel 50 % de l'échantillon sont plus fins et 50% et plus grossiers. La valeur C correspond au premier percentile de l'échantillon ou le diamètre des particules qui n'est dépassé que par 1% de l'échantillon (PASSEGA, 1957, 1963). Pour chaque échantillon, le croisement des paramètres C et M donne un point sur le diagramme logarithmique. Du coté droit du diagramme, une droite lie les points où C=M. Cette droite est la droite du tri parfait.

D'après l'étude de plusieurs dépôts de chenaux fluviaux, Passega (1963) a proposé un diagramme-clé, dont on peut déduire les mécanismes de transport de la position des échantillons sur le diagramme CM (Figure 3.4).

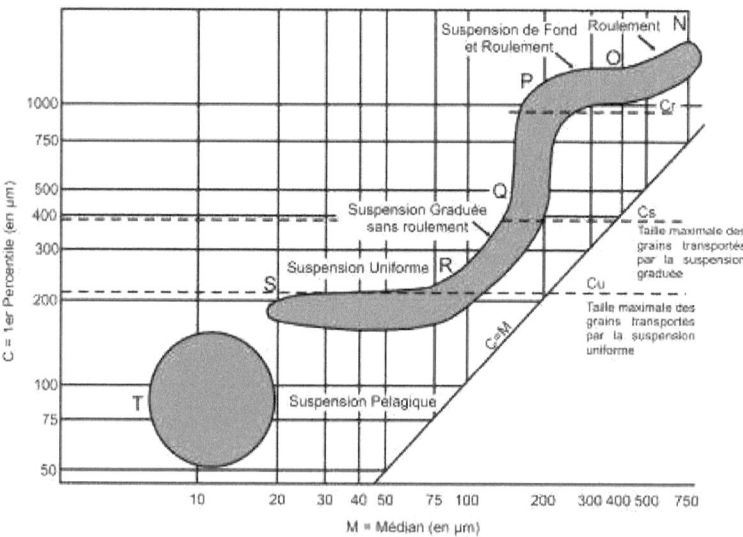

Figure 3.4 Diagramme-clé de l'Image CM, à partir duquel on peut déduire les mécanismes de transport actifs.

- **Indice d'évolution granulométrique « n »**

L'indice d'évolution granulométrique « n » permet l'interprétation des courbes granulométriques de la fraction fine afin d'apprécier le degré d'évolution d'un sédiment considéré dans son ensemble. Il a été calculé selon la méthode dite des "faciès granulométriques de Rivière (1960). Celle-ci consiste en une construction des courbes de fréquence à partir des courbes cumulatives semi logarithmiques:

La fonction granulométrique étant y = f(x), la courbe semi logarithmique est définie par X = log x et Y = y. La pente de la tangente en un point M de la courbe est:

$$P = \frac{dY}{dX} = \frac{dy}{d\log x} = \frac{dy}{\frac{dx}{x}\log e}$$, d'où

$$y' = \frac{dy}{dx} = \frac{P \log e}{x} ;$$

et par la suite, formule finale: l'indice d'évolution sera déterminé par la formule

$$\boxed{n = \log y' = \log P - \log x + \log(\log e)}$$

La pente se détermine en menant par l'origine une parallèle à la tangente au point M; elle coupe l'ordonnée d'abscisse i à une distance de l'axe des x dont la mesure, dans la même unité de longueur est égale à la pente.

log p est déterminé en grandeur et en signe sur l'échelle des abscisses, et log x sera l'abscisse du point M sur cette même échelle.

Cette méthode permet de calculer ainsi l'indice d'évolution n pour un stock granulométrique donné, d'où la définition d'un faciès caractéristique de ce stock, ou pour l'ensemble de la fraction lutitique. Ce dernier donnera une meilleure définition sur les continuités ou discontinuités de la sédimentation.

Les variations de la valeur de n ont permis à Rivière de déterminer plusieurs faciès granulométriques (fig.3.5):

A. Faciès parabolique -1 <n< 0: La sédimentation correspond à des dépôts de courants se produisant en fin de crue par excès de charge, lorsque s'atténuent la vitesse et la turbulence du fluide.

B. Faciès logarithmique n= -1: Ce type de faciès caractérise des sédiments plus ou moins vaseux des cours inférieurs; des fleuves, ainsi que les vases littorales de zones relativement calmes. Ce sont des sédiments évolués par transport.

C. Faciès hyperbolique n< -1: Ce sont des sédiments très évolués déposés par décantation en eaux calmes.

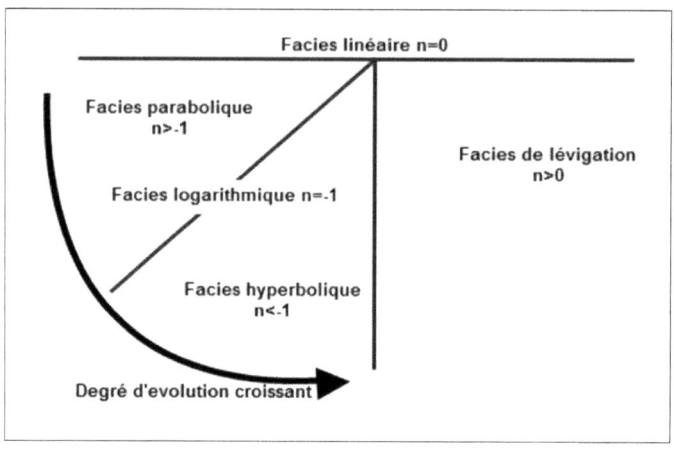

Fig. 3.5. : Relation entre l'indice d'évolution "n" et le faciès. D'après RIVIERE (1960)

Tab.3 .1 : Corrélation entre l'indice d'évolution n et les domaines du diagramme C.M de PASSEGA. D'après BALTZER (1971)

Allure de la courbe bilogarithmique	Indice d'évolution n	Mode de dépôt
Courbe parabolique	-1<n<0	Suspension graduée
Courbe logarithmique	n=-1	Suspension dégradée
Courbe hyperbolique	n<-1	Suspension uniforme

3.4. Minéralogie de la fraction grossière

Dans l'étude des minéraux lourds contenus dans le sédiment, la fréquence d'apparition des minéraux dépend de la dimension des grains détritiques. Plusieurs auteurs ont fixé les limites dimensionnelles des grains à examiner. Ces diamètres sont compris généralement entre 50 µm et 800 µm. Le choix de ces limites, d'après L. Berthois (1956) n'est justifié par aucune considération hydraulique, pétrographique ou océanographique. Néanmoins, nous avons adopté des coupures sélectives suivant l'importance des minéraux lourds dans 3 classes granulométriques

- Une classe comprise entre 800 et 400 µm,

- Une classe comprise entre 400 et 160 µm,

- une classe comprise entre 160 et 80 µm.

Les minéraux obtenus par séparation densimétrique à l'aide du bromoforme (d = 2.9) sont déterminés au microscope polarisant pétrographique.

Les résultats du comptage microscopique sont par la suite traduits en pourcentage numérique. Le pourcentage des minéraux lourds d'une fraction donnée est obtenu en faisant le rapport en poids des minéraux lourds de cette fraction par rapport à la fraction détritique totale. Le pourcentage de la totalité des minéraux lourds est calculé par rapport à la fraction détritique grossière totale.

3.5. MINERALOGIE DES ARGILES

3.5.1. Introduction.

L'analyse minéralogique des argiles par Diffractométrie aux rayons X a pour but la détermination de la nature des minéraux argileux et l'estimation semi-quantitative de ces minéraux.

La technique d'analyse par diffractométrie aux rayons X est basée sur la confusion d'un des rayons monochromatique par les plans réticulaires des cristaux contenus dans l'échantillon selon la loi de Bragg :

$\lambda = 2d \sin\Theta L$
λ Longueur d'onde de la source utilisée (A°);

d: Distance réticulaire (A°);

Θ: Angle de diffraction (°).

3.5.2. Description de l'appareil

Les analyses sont effectuées sur un diffractomètre de marque Phillips type PW 1710. Il est doté d'un tube de RX formé d'un filament de tungstène, un système de haute tension et d'un autre de réfrigération, et d'un filtre permettant l'observation d'un rayonnement monochromatique à la sortie du tube. Un goniomètre composé d'une platine porte-échantillon et d'un jeu de fentes qui permet une bonne focalisation du faisceau de RX (Fig.3.6).

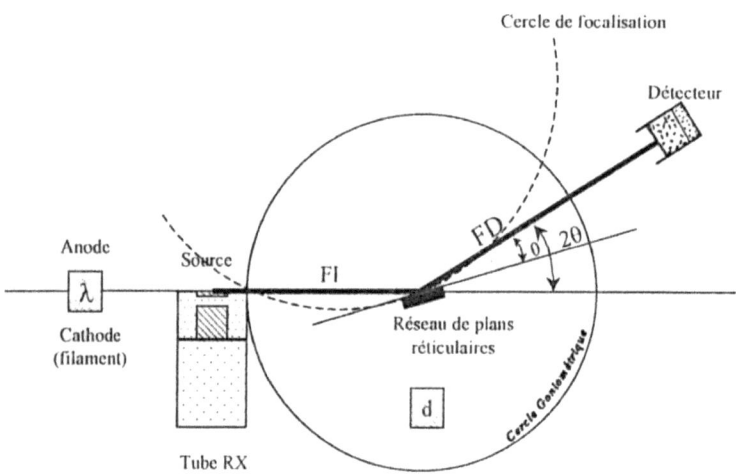

Fig. 3.6. Schéma du goniomètre (diffractométrie X) et de son fonctionnement

Un système de détection composé d'un compteur, d'un amplificateur, d'un discriminateur et d'un système d'intégration qui cumule les impulsions à la sortie de ce dernier. Le système d'enregistrement est doté d'un ordinateur qui enregistre les données sous forme numérique pour les traiter puis les imprimer.

3.5.3. Conditions opératoires.

- Radiation Ka du cuivre $(k = 1,5418 \text{ Å})$
- Monochromateur arnère courbe en graphite ;
- Haute tension (40 kv et 30 mA) (argiles) et (30 kv et 20 mA)(poudres);
- Fente de divergence automatique (ADS),
- Fente de réception : 0,2 mm;
- Fente de diffusion : 1°;
- Détecteur à gaz proportionnel (xénon + CO_2);
- Vitesse goniométrique : 2,2° 0 /mn;
- Angles d'exploitation : 1 à 31^0 20 pour les aigles et 24 à 34° 20 pour les poudres.

3.5.4. Les poudres.

Elles permettent la détermination qualitative et semi-qualitative des minéraux on-argileux (Quartz, calcite, dolomite, siderite, pyrite, anhydrite, feldspath...) grâce à des étalons binaires préalables, le complément à 100 de la somme des pourcentages de ces minéraux est représentée par la fraction argileuse et les indoses (matière amorphe, organique...).

3.5.5. Les argiles orientées.

Les minéraux argileux rencontrés sont dosés d'une manière relative. Le pourcentage de chacun des minéraux est donné par rapport au total des minéraux argileux.

Les trois plaquettes d'argile orientée de chaque échantillon sont analysées aux RX de la manière suivante :

- La première est soumise au faisceau de RX tel quel (Argile normale) ;
- La seconde est traitée à l'éthylène glycol ;
- La troisième subit un traitement thermique à 550 °C (Argile chauffée avant l'analyse).

Les argiles se comportent différemment vis à vis des effets de gonflement et les effets thermiques. C'est ce qui permet de les identifier.

3. 5.6. Dépouillement des diagrammes RX.

L'analyse de la fraction argileuse contenue dans nos échantillons a été assurée pai le centre de recherche et de développement (C.R..D), au laboratoire des rayons X.

Les résultats de ces analyses sont présentés sous forme de diffractogramme sur lesquels naissent des raies de diffraction.

3.5.6.1. Identification des minéraux argileux .

Généralités.

Les diffractogrammes traduisent l'existence de différents minéraux argileux grâce: aux pics de diffraction.

Afin d'identifier les espèces minérales caractérisées par l'espacement basal (ou distance réticulaire), on projette le point culminant de chaque pic sur l'axe des abscisses qui représente les angles (Φ)

L'angle(Φ), qui correspond au sommet du pic, est converti en distance réticulaire exprimée en Angstroem (A°) au moyen de table radio cristallographique, la distance réticulaire étant une des principales caractéristiques qui nous permettent d'identifier les minéraux argileux.

Le comportement des minéraux argileux vis-à-vis des effets de gonflement (AG) et thermiques (AC) est différent selon la nature, cela se traduit par des diffractogrammes spécifiques à chaque type d'argile et permet leur identification (tab. 3.2) en minimisant les effets d'interférence des raies de diffraction X. ce comportement est résumé dans le tableau suivant :

Argile normale raies en A°	Argile chauffée 550 °C/1heure	Argile glycolée (ethyle-glycol)	Diagnostic
7.14-3.52	**Disparition des raies**	**inchangées**	**Kaolinite**
14_7.03-4.71-3.52	**Disparition des raies paires et renforcement de la raie à 14 A°**	**Inchangées ou déplacement vers 16 ou 17 de la raie à 14 A°**	**Chlorite ou chlorite gonflante**
10-5-3.33	**La raie à 10 A° devient plus aigue**	**inchangées**	**illite**
26.95	inchangées	inchangées	Illite-montmorillonite

Tab.3.2 Comportement des minéraux argileux en fonction du traitement de minéraux et la distance réticulaire qui a permis de reconnaitre ces derniers.

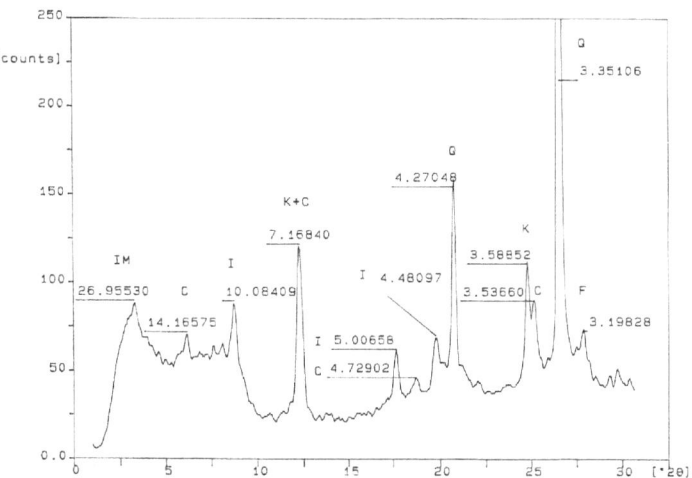

Fig.3.7 : Diagramme de référence montrant les différentes hauteurs de pics des minéraux argileux (Echantillon B4)

- **Kaolinite.**

    Formule générale : (pour la demi-maille)

    (Si2) (A12) 05 (OH)4

    Le terme Kaolinite dérive du mot « Kaolin » qui est le nom d'une colline chinoise ; ce terme a été utilisé pour la première fois par JOHNSON et BLACK.E, 1867.

    Les Kaolinites sont des minéraux très stables, elles proviennent de la néogénèse à partir d'autres silicates, elles sont fréquentes à l'état de minéraux détritiques.

    Pour un échantillon non traité, les équidistances sont à 7-7,2A° (001) et 3,57 A°(002), alors que pour l'échantillon chauffé à 550 C°, on a disparition de ces raies (la déshydroxylation provoque une perte de la cristallinité) contrairement à la chlorite dont la raie (002) à 7A° se *maintient à* cette température.

L'introduction d'un désordre dans la structure de la Kaolinite se traduit par une modification de la raie (002) (GRIM, 1968 in Millot).

- **Illite.**

    Formule générale : (pour la demi-maille)
    (Si (4 -x) Al x) 010 (Al 2) (OH)2 (K) x.   (Valeurs de x voisines de 0,5) Le terme illite a été proposé par R.E.GRIM, 1953, pour caractériser les minéraux argileux de type mica.

    C'est le minéral le plus répandu des minéraux argileux dans les sédiments et les sols

    Il est construit sur le modèle du mica blanc ou de la séricite mais avec une structure plus désordonnée et moins de potassium dans les espaces interfoliaires.
    Ce minéral présente des raies de forte intensité à 10A°- 4,45A°- 3,35A°-2,56A'$^>$, stables au glycérol et à la chaleur (sauf pour la raie 10A° qui devient plus aiguë lors du chauffage).

Chlorite.

Formule générale : (pour la demi-maille).

(Si(4-x)Alx)O10 (R3)++ (OH)2 ((Rx)+++(R(3-x))++) (OH)6.

Le terme Chlorite a été utilisé par Werner, au siècle dernier, pour designer les minéraux phylliteux de couleur verte, riches en fer ferreux.

Il en existe une grande variété, en raison de multiples substitutions homéo- types possibles dans la structure.

Les Chlorites sont connues depuis très longtemps dans les schistes cristallins, les roches hydrothermales et les altérations de nombreux silicates.

Pour un échantillon non traité, l'équidistance est de 14 - 14,5 A°, d (002) très intense à 7A°, d (004) à 3,52 - 3,53A°, alors que pour l'échantillon chauffé à 550°C ces équidistances sont maintenues, d (002) et d (003), 4,6-4,7 A°, présents ici, sont absents dans la Kaolinite.

Interstratifiés (Illite-Montmorillonite):

L'interprétation des diagrammes de rayons x des minéraux interstratifiés soulève de sérieuses difficultés, on a recours dans ce cas à des modes **de** calcul **de** l'intensité **de** la diffraction fondés sur la connaissance de plusieurs facteurs (fonctions de mélange, facteur de structure, facteur angulaire).

Dans notre cas illite-Montmorillonite présente une distance réticulaire de 26,95A°

3.5.6.2. Méthodes de quantification des minéraux argileux.

Plusieurs auteurs ont tenté de faire une détermination quantitative des minéraux aux RX, en se basant sur la hauteur ou la surface de quelques pics caractéristiques. Une multitude de méthodes a été créee.

En réalité, il existe un certain nombre de facteurs qui influencent les intensité des pics de diffraction *(JACKSON,* 1956 ; *SCHOEN* et *AL.* ,1972 in *DEJOU ; GUYOT* et *ROBERT* , 1977}

- La taille des particules.
- Les degrés de cristallinité.
- La composition cristallochimique, puisque chaque élément chimique absorbe les rayons x différemment.
- La présence d'éléments amorphes.
- L'orientation des particules, facteur essentiel mais difficile à contrôler pour le ; phyllites *(FRIPIAT* et *MARCOUR,* 1954 in *DEJOU ; GUYOT* et *ROBERT,* 1977).

L'estimation des composantes d'un mélange d'argiles de sol par les rayons x reste un problème très difficile et les résultats obtenus doivent toujours être contrôlés par d'autres méthodes.

La méthode quantitative préconisée par *S.Van Der Gaast,* 1991 et *Petschick* et al, 1995 (in *Vittoria* , 1997) , est basée sur l'ajout d'un standard (le plus souvent la molybdénite), qui a l'avantage de présenter des pics qui ne se superposent pas avec ceux des principales argiles étudiées et constitue un bon indicateur de l'orientation des particules sur le support.

Le dépouillement des diffractogrammes se fait en comparant les hauteurs des pics des différentes argiles avec celle du standard.

La méthode qui nous a servi dans notre présente étude est celle de l'évaluation des pourcentages des minéraux argileux à partir de la hauteur des pics, la somme des pics étant considérée comme équivalente à 100% (ne prenant en considération que les pics de l'Illite, la Kaolinite, Illite-Montmorillonite et la Chlorite

CH.4. LES DEPOTS SUPERFICIELS MEUBLES DU PLATEAU CONTINENTAL DE LA BAIE DE ZEMMOURI : SEDIMENTOLOGIE ET MISE EN PLACE

Zone occidentale

4.1. CARACTERES SEDIMENTOLOGIQUES ET REPARTITION DES FACIES DE LA FRACTION GROSSIERE

C'est de l'inventaire et de la distribution des paramètres sédimentologiques sur le plateau continental qu'il est possible de reconstituer toute la dynamique du matériel détritique depuis les zones d'apport jusqu'aux milieux de dépôt.

Pour la répartition des faciès des sédiments meubles de la zone occidentale nous avons adopté la méthode de classification des sédiments meubles du B.R.G.M.(France) pour une homogénéisation des données.

La méthode « B.R.G.M.» (1970) permet de définir et d'analyser des faciès, différentes coupures ont été déjà définies dans le chapitre méthodologie les données granulométriques montrent que la majorité des points sont regroupés au pôle $S_{5,6,7}$.

S_5: de 500 à 250µm

S_6 de 250 à 125µm

S_7: de 125 A 40µm

Signifiant une présence d'un sable essentiellement moyen dont la taille est comprise entre 500 et 40 µm.

La carte de répartition de la fraction supérieure à 40 µm (carte des faciès Fig.4.1) fait apparaitre de la côte vers le large trois domaines essentiels à caractéristiques granulométriques distinctes :

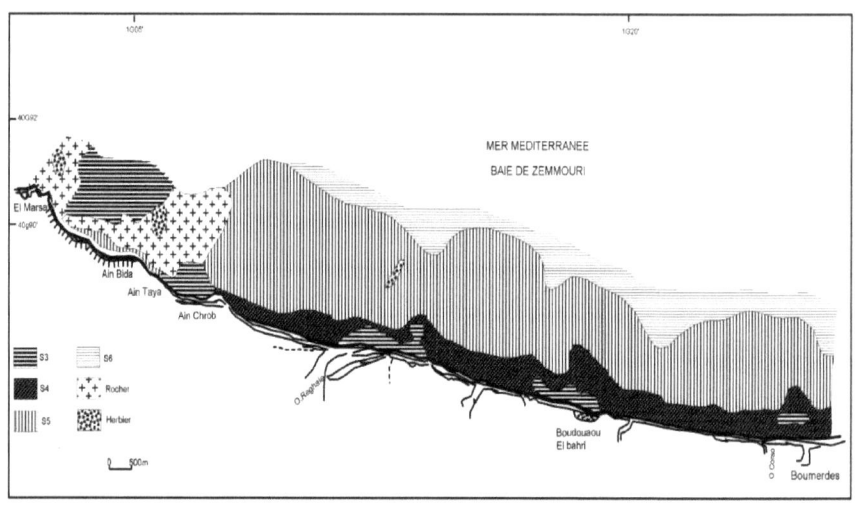

Fig.4.1. : Carte des facies.

4.1.1. DOMAINE COTIER

Il est le siège d'une dynamique côtière très active sur l'ensemble de la baie de Zemmouri. Il est caractérisé par le faciès S5 (250 à 500µm) qui se retrouve plaqué contre la côte dans la partie orientale et centrale par contre dans la zone occidentale ces dépôts se retrouvent en aval du substratum rocheux ne dépassant guère les 10 m de profondeur.

La mise en place de ces sables s'est effectuée par excès de charge, ils sont issus des apports fluviatiles de oued Corso et oued Boumerdes ainsi que de l'érosion des falaises entre Ain-Chorb Réghaia et Boumerdes.

On note devant Boumerdes et Boudouaou-el-Bahri une importante invagination vers le large qui soulignerait la persistance d'un courant de retour localisé à cet endroit. On note le faciès S4: (>500µm) représenté sous forme de noyau de part et d'autre de oued Corso marque la présence d'une ride d'avant côte. Cette même ride n'est pas cartographiable à l'échelle de la carte des facies.

4.1.2. DOMAINE MEDIAN

Le faciès S_6 (125 à 250 µm] est très important en superficie, il occupe l'ensemble de la zone d'étude. Ce domaine est le siège d'une dynamique sédimentaire relativement active. Il ne dépasse guère les 40 m de profondeur.

4.1.3. DOMAINE DISTAL

Il est caractérisé par le faciès S_7 (40 à 125µm) ce domaine calme est le siège d'une sédimentation fine.

4.1.4. Description des facies et leurs origines

- Le facies $S_{5,6,7}$ est représenté par des grains de Quartz, calcite et séricite.

Le facies S_4 est constitué de 55% de matériel détritique associé à un matériel bioclastique.

- Le faciès S_3 est essentiellement détritique (Quartz, mica, grenat).

les faciès S_1 et S_2 contiennent essentiellement de débris de lamellibranches et de gastéropodes non cartographiables: faciès réduit.

4.1.4.1. Les carbonates

L'étude de la fraction grossière a mis en évidence une fraction carbonatée de teneur variable dans les dépôts meubles superficiels. Leur distribution met en évidence trois ensembles distincts.

De la côte vers le large, nous remarquons une croissance du pourcentage en carbonates. La plage des plus faibles teneurs (inférieur à 10%) est localisée collée à la côte (fig4.2.), caractérisant les sables grossiers. On notera toutefois deux discontinuités de cette surface au débouché d'oued Boudouaou ou les valeurs sont supérieures à 15%, et devant oued Boumerdes pour des valeurs identiques.

Les teneurs maximales s'observent dans les sédiments vaseux. Elles atteignent des valeurs de 37 à 40% (échantillons X1 et R1). La limite « côtière » de cette plage épouse bien la forme des chenaux.

L'observation des échantillons à la loupe binoculaire a montré que ces derniers ne comportent peu ou pas de phase biogène telle que Bou-Ismail (Braik, 1989), où les teneurs en carbonates sont très élevées (supérieurs à 85%). Les dépôts superficiels de Boumerdes sont donc très pauvres en carbonates du fait de la faible représentativité de la phase biogène. De ce fait, nous avons jugé inutile de faire une analyse plus approfondie de cette fraction.

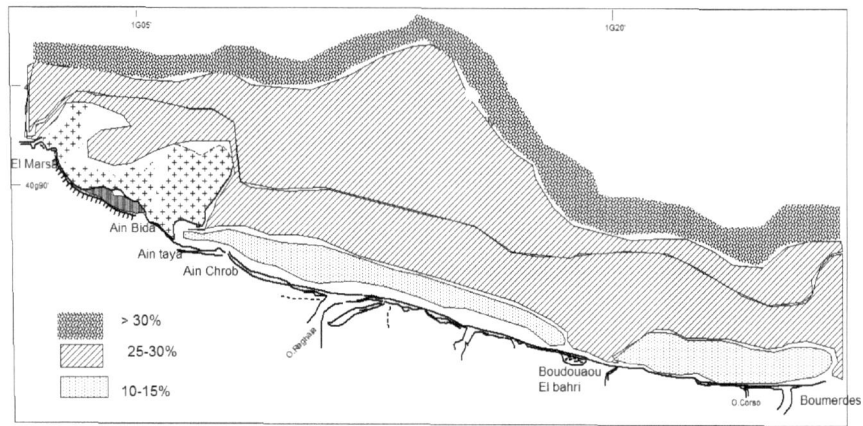

fig.4.2. Distribution des carbonates.

4.1.4.2 Le facies « coquillier du large »

Lors de l'observation et la description de 5 carottes prélevées au large (de 80 à 215 mètres de profondeur) de la zone de Boumerdes nous avons pu déterminer une succession lithologique du dépôt meuble supposé holocène sur une épaisseur d'environ 1 mètre (pénétration du carottier).

Apres « la traversée » à partir de la surface de tout le faciès généralement vaseux, nous avons remarqué que quand on atteint le niveau -90 à – 120 centimètres la vase devient très silteuse. La vase compacte de couleur brune du début de carotte change et devient ocre.

A la base de ces carottes, le facies devient sableux et franchement bioclastique ce qui empêche d'ailleurs la continuation de la pénétration du fait de la dureté du faciès. Ce niveau contient les plus faibles taux en lutites (35.37%).ce sont des débris de coquilles nacrées très fragiles.

En synthétisant, cette couverture holocène est composée de 3 faciès de haut en bas :
Un faciès représentant une vase franche fine ;
Un 2ème facies de « transition » silteux ;
Un 3ème facies franchement bioclastique.
Ces critères sédimentologiques en particulier la nature et la granulométrie ainsi que les critères bathymétriques nous permettent de suggérer par analogie que ce facies appartient au « cordon

relique » déjà signalé par plusieurs auteurs dans la région algéroise (Bou-Ismail ; D.Ait-Kaci, H.Pauc, 1982) et dans la région oranaise à des profondeurs de -110 mètres mais affleurant (Golf d'Arzew ; F.Atroune, 1993). Dans notre région d'étude au large du cap-Djinet ces facies affleurent en clairières (lambeaux) contrairement à Boumerdes où ils restent recouverts sous un mètre d'envasement actuel.

4.1.5. La granularité de la fraction grossière

Dans l'analyse granulométrique des sédiments grossiers (>40µm) de la zone Cap_Matifou Boumerdes, le relevé systématique des modes et leurs statistiques montrent une individualisation satisfaisante des stocks consécutifs. De ce fait, l'exploitation de l'analyse modale a permis de déterminer 3 classes modales (fig.4.3)

- Mode 1 [40-160 µm] avec une fréquence maximale de 80-100 µm
- Mode 2 [160-400 µm] avec des fréquences maximales de 200-250 µm
- Mode 3 [400-6300µm] avec des fréquences maximales à 500-630µm, 800-1000 µm, 1250-1600 µm, 2000-2500 µm.

L'analyse des différents modes granulométriques, nous a permis d'établir les cartes de répartition et de dispersion, de chacun des modes, ainsi que leur nature

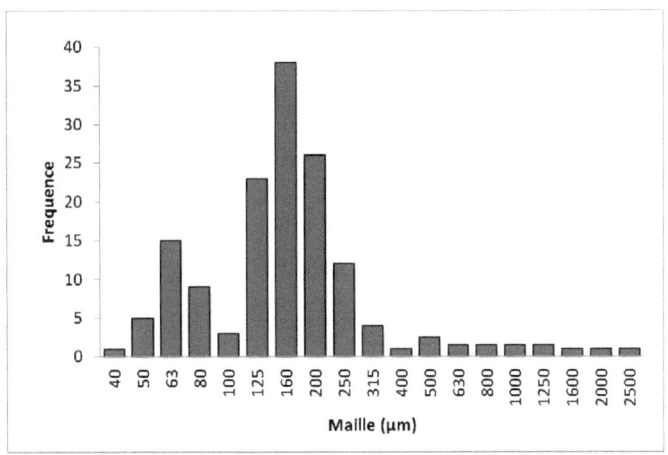

Fig.4.3.Analyse modale : histogramme de fréquence des sédiments superficiels   Zone occidentale.

4.1.5.1. CLASSE MODALE I 40-160 µm

L'observation à la loupe binoculaire de la phase détritique nous a permis de déterminer la nature de ce sable fin. On notera la présence du quartz ainsi que des paillettes de micas Ses grains ont une forme arrondie à sub-arrondie. La phase biogène est essentiellement constituée de spicules de spongiaire (bryozoaire) et de débris de lamellibranche et de gastéropodes, dont la forme est sub-anguleuse, on notera une phase terrigène plus importante.

La prédominance de la fraction 5-15% reste très visible dans la carte représentant la taille 40 - 160µm (fig.4.4). Elle s'étend jusqu'à 30 m de profondeur à l'est où elle se retrouve enveloppée par la plage des 15-40%

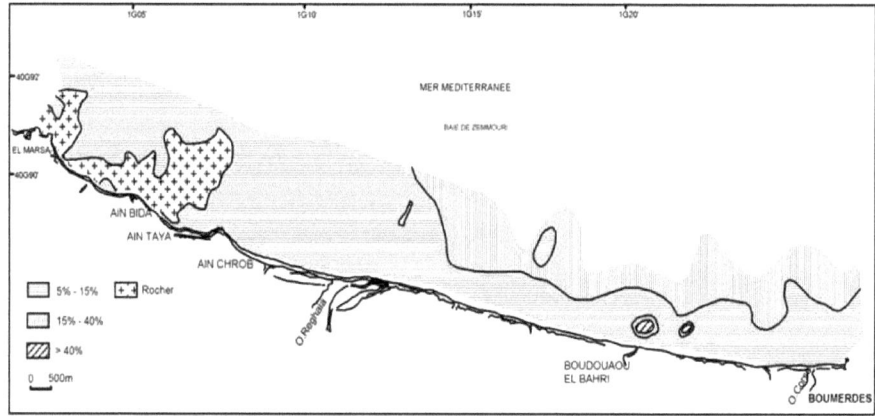

Fig.4.4 : Carte de répartition (en fréquence) de la classe modale1.

La fraction 15-40 % se répartit parallèlement à la côte à partir de l'isobathe -25 m dans lequel baigne un noyau de la fraction 5-10 % au large de la radiale 8 station I. On note toutefois un noyau a fort taux (>40%) face à oued Boudouaou.

Les sédiments de cette classe sont généralement unimodaux. Ils comportent pour plus de 90% de la fraction comprise entre 40 et 80 µm (fig.4.5).

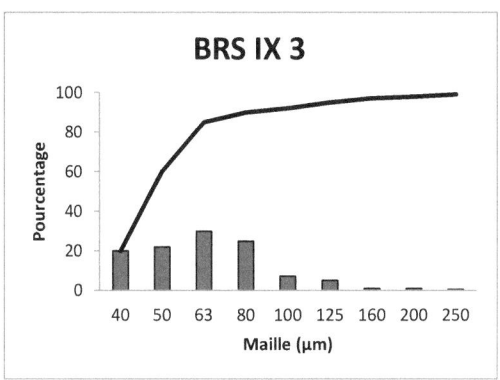

Fig.4.5. Exemple d'échantillon classe modale 1.

L'examen de la carte de dispersion (fig.4.6) nous permet d'avoir un aperçu sur les modalités d'un transit sédimentaire résultant, elle nous montre une forte distribution de la fraction [60-100 µm] à la côte et au large de notre terrain d'étude dans lequel baigne de nombreux noyaux, parmi eux nous retrouvons la fraction 100-150µm au droit de l'oued Réghaia enveloppant l'ilot Bounettah résultant de démantèlement de ce dernier ainsi que des apports de oued Réghaia. Il en est de même au large de Boudouaou-EL-Bahri jusqu'à oued Boumerdes.

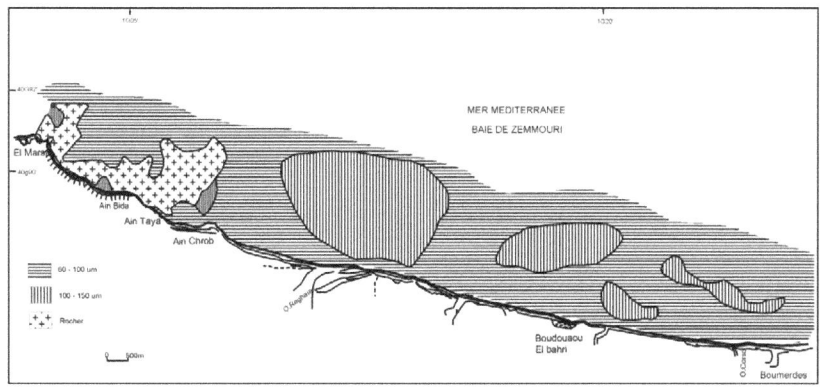

Fig.4.6 : Carte de dispersion (en taille) classe modale 1.

Ces noyaux résultent de l'érosion des falaises très actives dans cette région et des apports fluviatiles des Oueds Boudouaou-el-Bahri, Corso et Boumerdes alors qu'à l'Ouest un autre noyau allongé semble être la conséquence de la destruction du cap au droit de Ain-Chorb.

4.1.5.2. CLASSE MODALE 2. 160-400 μm
On note la présence de grains de Quartz arrondis à sub-arrondies et des paillettes de micas dans la phase terrigène alors que la phase biogène contient des débris de coquilles de lamellibranche, épine, d'oursin, Gastéropodes et de reste végétal (posidonie) et enfin des débris de foraminifères.

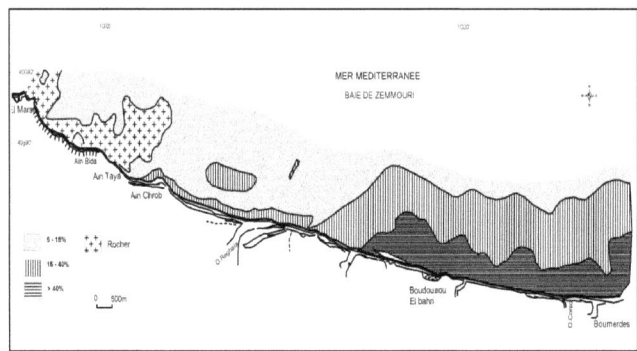

Fig.4.7 : carte de répartition (en fréquence) de la classe modale 2

Aux embouchures d'Oued Boudouaou jusqu'à Oued Boumerdes la fraction 160–400 μm présente une forte concentration de la partie > 40 %. Celle-ci s'étend de la côte jusqu'à 15 m de profondeur (fig.4.7).

Le pourcentage 15- 40% s'étale de AIN-Chorb à la côte jusqu'à 40 m de profondeur et s'étend jusqu'à l'extrémité orientale de notre terrain d'étude ; cette fraction est enveloppée par la partie 5-15% qui va de 50 m de profondeur à l'Est jusqu'à 10m de profondeur à l'Ouest où baigne un noyau de la partit inférieure au droit de la radiale 4 station I.

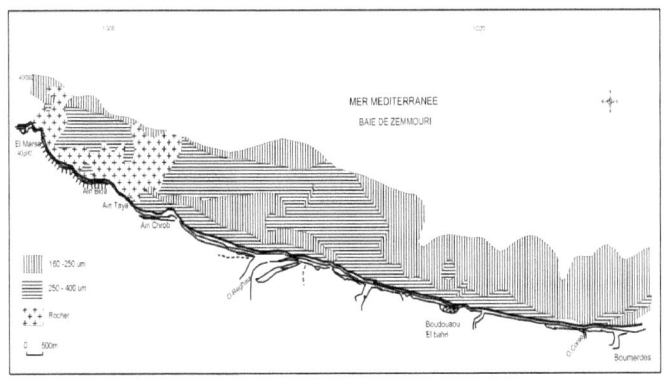

Fig.4.8 : Carte de dispersion (en taille) classe modale 2.

On observe une distribution des sédiments dont la taille est comprise entre 250-400 μm de part et d'autre de oued Corso(fig.4.8). Son expansion va de la côte jusqu'à 25 m de profondeur à l'Ouest dans lequel baigne un noyau fusiforme de la fraction 160-250 μm qui s'étale de Ain-Taya jusqu'à oued Réghaia où il résulte probablement de l'érosion des falaises situées entre Ain-Chorb et Réghaia.

Cette même fraction s'étend tout le long de notre terrain d'étude (zone occidentale) au droit de oued Corso elle s'étale vers l'Est et peut atteindre des profondeurs de 25 m en zone orientale au droit de oued Boumerdes alors qu'en zone occidentale, elle atteint 45 m de profondeur.

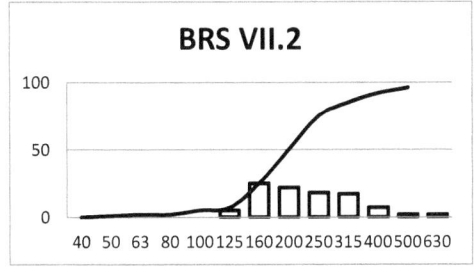

Fig.4.9 a : Exemple d'échantillons classe modale 2.

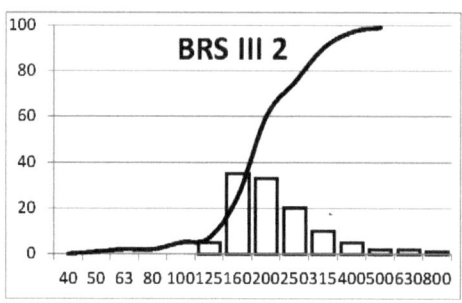

Fig4.9 b: Exemple d'échantillons classe modale 2.

La fraction sableuse est comprise entre la taille 110 et 125 μm. Certains sédiments de cette classe présente un mode caractéristique à 160 μm occupant parfois plus de 60% du sédiment (fig. 4.9a et 4.9.b) suivi d'un mode secondaire à 200 μm.

4.1.5. 3 .CLASSE MODALE 3. 400-6300 μm

La phase détritique est représentée essentiellement par des grains arrondie à subarrondis, de quartz laiteux, de paillettes de micas et de galets gréseux arrondis, amas de grains consolidés alors que la phase biogène contient des valves de lamellibranches complètes à incomplète ainsi quedes gastéropodes actuels et des débris de Bryozoaires, et d'épines d'oursins.

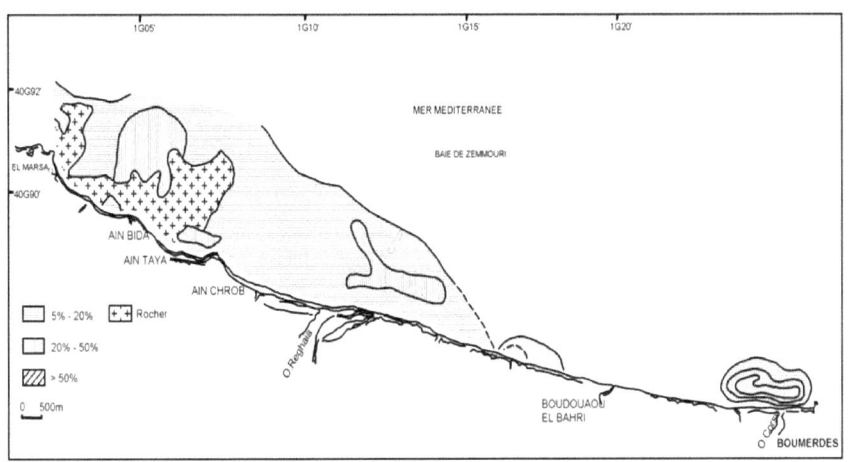

Fig.4.10 : Carte de répartition (en fréquence) de la classe modale 3.

Cette carte (fig. 4.10) présentant la taille 400 – 6300 µm, montre la prédominance des sables de la fraction 5-20 % dans la zone occidentale de notre terrain d'étude, de Ain Beida jusqu'au voisinage de Oued Réghaia. Elle s'étale de la côte jusqu'à 45 m de profondeur au large. Dans cette fraction on retrouve quelques noyaux xénomorphes de la fraction 20 –50 % entre Ain-Taya et Ain-Chorb (collé au substratum rocheux) ainsi que face à Oued Réghaia.

A l'ouest immédiat de Boudouaou-el-Bahri, à la côte et ne dépassant guère 10 m profondeur on retrouve la fraction >50 % enveloppant la fraction 20 - 50 % qui résulte du démantèlement de ses falaises.

Vers l'est cette classe se répartit de manière générale au niveau des laisses des eaux et sur la ride d'avant-côte ; d'ailleurs ceci est bien illustré par le noyau concentré à

Boumerdes. Les sables grossiers de cette zone illustrés par l'histogramme et la courbe cumulée de la figure 4.11 sont bimodaux à plurimodaux (laisse des eaux).

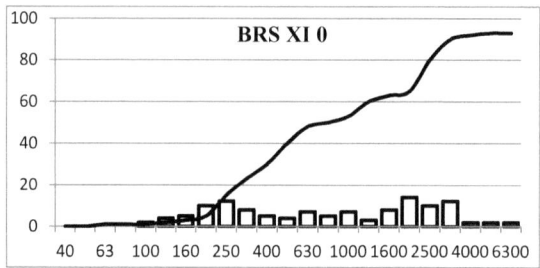

Fig.4.11: Exemple d'échantillon classe modale 3.

Il n'existe pas de mode principal dans cette classe mais plutôt plusieurs modes dans les tailles 500, 600 voire même 2000μm.

Il apparait dans la zone occidentale une distribution à la côte des sables 400 - 1000 μm ainsi qu'une plage collée au substratum rocheux au large de Ain- Beida dépassant les 25 m de profondeur (fig. 4.12), cette dernière est enveloppée par la fraction 1000-6300μm qui provient probablement du démantèlement des formations rocheuses en surface situées entre La Marsa et Ain -Taya. Cette fraction s'atténue en allant vers l'Est. Cela signifierait un transit sédimentaire d'Ouest en Est.

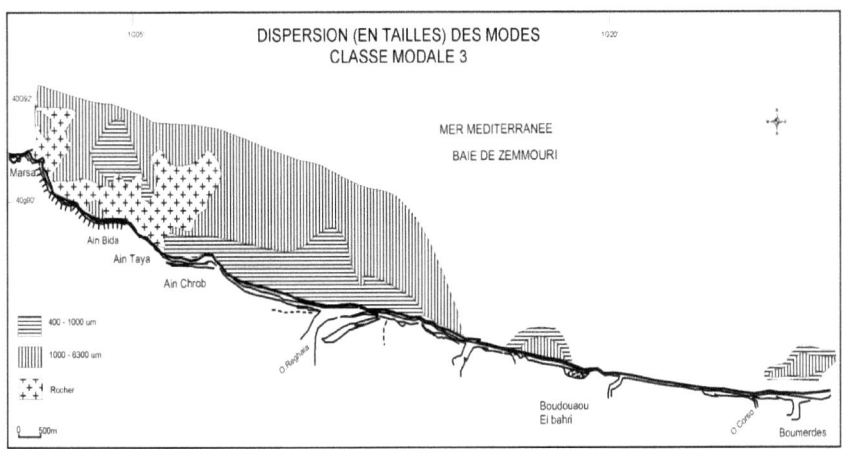

Fig.4.12 : Carte de dispersion (en taille) classe modale 3.

Dans la zone centrale au droit de Boudouaou–el-Bahri on note la présence de dépôts sableux grossiers (>1000µm) enveloppé par des sables plus fins provenant des éboulis granodioritiques (même composition minéralogique) qui s'accentue d'année en année.

Par contre dans la zone orientale on a une sédimentation zonée des sables grossiers supérieurs à 1000 µm entourés de sables plus fins,

A ce niveau, la dispersion ne montre aucune tendance d'un quelconque transit pour le noyau oriental, mais plutôt une origine très locale provenant du démantèlement du massif cristallophyllien du «Rocher Noir» et constituent ainsi les dépôts de ride d'avant côte.

4.1.6. Analyse et interprétation des paramètres et indices granulométriques

Dans cette partie nous nous intéresserons surtout aux paramètres et indices pouvant nous guider dans l'interprétation des mécanismes de sédimentation et le mode de mise en place des dépôts superficiels.

A.DIAGRAMME DE PASSEGA

Les premiers points expérimentaux du diagramme de Passega s'observent dans le segment horizontal SR où les médianes oscillent entre 46 et 90μm traduisant le dépôt d'une suspension uniforme.

Ces dépôts sont caractéristiques d'un domaine de décantation où les courants sont très faibles à nuls. Ils se placent au-dessus du domaine des vases franches.

Dans les 2 zones nous noterons la faible représentativité des points dans la branche RQ ce qui traduit d'après Passega (in Rivière, 1977) des courants de fond trop faibles pour trier les grains tombant de la suspension uniforme SR.

Cette faible représentativité de points est une caractéristique d'un milieu chenalisé où la charge sédimentaire faible, donne lieu à un entrainement par roulement d'éléments grossiers venus de la branche QP.

La majorité des points de la baie de Zemmouri (zone occidentale et zone orientale) correspondent au sable moyen (fig.4.13)

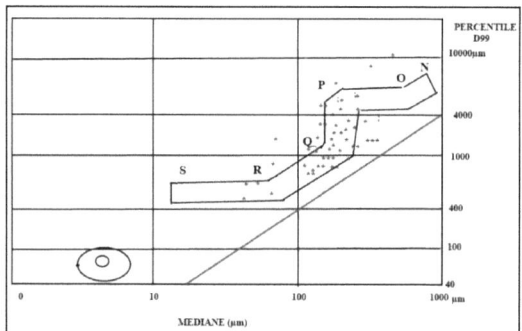

Fig.4.13: Diagramme de Passega : points expérimentaux.

(classe modale 2; I60 - 400 μm, Fig.4.7)dont la taille est supérieure à 110μm se concentre à la base et le long du segment vertical PQ (segment PQ avec un centile supérieur variant entre 315 et 1500 μm et d'une Médiane entre 110 et 250 μm). Ceci traduit un domaine dans lequel les sédiments ont été transportés par roulement à la surface de la suspension gradée.

Lorsque la taille du C_s (centile supérieur) augmente, les points se répartissent le long du segment OP avec un centile supérieur atteignant la valeur de1500 μm et une médiane variant entre 250 et 800 μm.

Les sédiments de ce segment correspondent au faciès sableux grossier (classe modale 3 fig.4.10) [400 - 6300 μm] traduisant un fort courant de fond. Ce facies se trouve généralement dans une région où les courants de fond sont assez rapides pour entrainer uniquement les suspensions laissées à nu (lévigation) les grains roulés. On remarquera souvent une association de plusieurs familles de sédiments (fig.4.11).

Au-dessus de cette branche, on n'observe que quelques points le long et au-dessus du segment court NO où les courants de fond très puissants lévigent totalement les suspensions (laisses des eaux et sommets des rides d'avant-côte).

B. Diagramme de répartition de l'indice de classement S_0

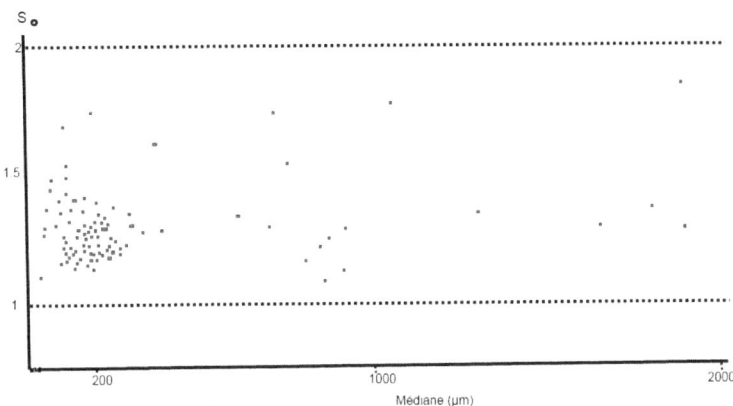

Fig.4.14 : Rapport Indice de classement S_0/médiane.

La distribution de l'indice S_0 montre 2 ensembles différenciés :

- Un ensemble proportionnel au rapport S_0/médiane où les valeurs oscillent autour de 1.25 traduisant un bon classement des sédiments (fig4.14).

- Un ensemble très fin avec des valeurs relativement fortes signifiant ainsi que le quartile supérieur se trouve dans les grossiers dans un échantillon à très fort pourcentage de fines comme le montre la position de la médiane. Ces échantillons montrent donc des courbes granulométriques étalées dans les grandes tailles. Ces échantillons sont positionnés dans des zones de sédiments fins mais où l'hydrodynamisme marin est toujours considérable.

C. Indice d'asymétrie de Skewness

Le calcul de cet indice a monté que les points expérimentaux sont très proches de la valeur 1 (entre 0.8 et 1.2). A l'échelle de la région étudiée, l'indice calculé sur les parties occidentales et orientales traduisent un tri régulier des sédiments.

4.1.7. Dynamique sédimentaire

4.1.7.1. Transport des sédiments

le déplacement des vagues et houles vers la côte régit l'ensemble des phénomènes d'érosion, de transfert et de sédimentation.

- Lorsque le déferlement s'effectue perpendiculairement au littoral, il en résulte un courant de retour ou sagittal ;
- Lorsque le déferlement est oblique au littoral cela traduit à une migration longitudinale (courant de dérive littorale), il en résulte un transfert littoral qui est responsable de l'édification d'une ride d'avant côte (H.CHAMLEY, 1988).

4.1.7.2. Influence de la morphologie

Les débits de transit de sable les plus forts se produisent dans les parties hautes de la frange côtière et par houle oblique (A. Monaco (1977). Dans notre terrain d'étude, les zones de déferlement sont celles ou l'énergie de la houle sur le fond est maximale. Pendant le régime Nord Est la zone de déferlement se retrouve prés de la côte; la turbulence est faible, le littoral devient une zone d'accumulation.

Pendant le régime Nord-ouest (plus puissant) le déferlement à lieu au large sur le substratum marin. Un volume important de matériaux est remis en suspension et repris vers le large (plateau continental) ; d'abord chenalisés parallèlement à la côte au début puis dispersé vers le large à partir des discontinuités de la ride d'avant côte (observations en plongée).

4.1.7.3. Influence de la granulométrie

Les sédiments superficiels essentiellement terrigènes suivent une répartition transversale de la côte vers le large et latérale d'Ouest en Est. Ceux-ci sont en fonction de la granulométrie et de l'hydrodynamisme marin. L'étude de transfert nécessite de donner des indications très générales accompagnées de détails granulométriques, nous avons trouvé utile de proposer le diagramme de la figure4.15 qui a été déterminé à partir de différentes stations situées entre 5 et 10m de profondeur de différentes radiales en abscisse et les différents diamètres en ordonnées.

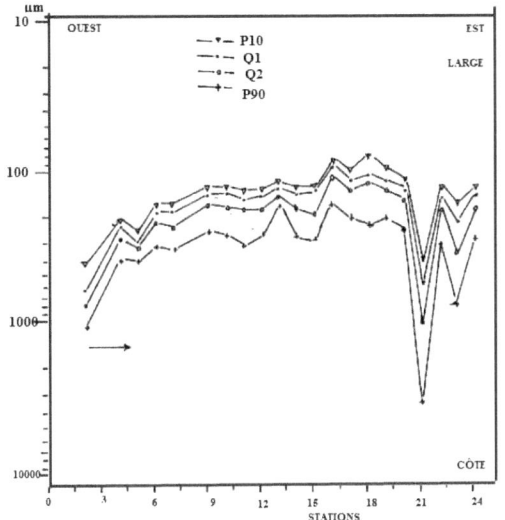

Fig.4.15:Diagramme de l'indice de classement S_0.

De la côte vers le large on assiste à un tri transversal du sédiment plus grossier vers le plus fin. Le sédiment grossier se retrouve au voisinage de la côte. Cela traduit naturellement une dynamique marine forte à la côte vers une dynamique faible au large.

Dans la zone d'El-Marsa– Ain-El-Beida, vu la nature des faciès on peut dire que le matériel détritique provient de l'érosion des falaises situées entre l'abri d'El-Marsa et le cap de Ain-El-Beida. Les éléments subissent un transport par dérive littorale vers l'ouest engendrée par la houle d'Est et du Nord-est provoquant ainsi un engraissement de la plage Est de Ain-El-Beida.

Dans le secteur Est les sables fins entre la ride et la laisse des eaux dérivent d'Ouest vers l'Est par l'intermédiaire des courants de dérive littorale Ouest. Les sables moyens à grossiers transportés par roulement et saltation transitent par l'intermédiaire des rides d'avant côte vers l'est.

4.1.8. Minéralogie lourde et légère de la fraction grossière

La zone étudiée comporte des fonds de 0 à - 35 mètres située entre le promontoire du Rocher noir et Tamentefoust mais la minéralogie lourde ne s'est faite que dans la zone Boumerdes ilot Bounettah pour des raisons de moyens mais aussi pour le nombre d'oueds débouchant en mer pour dans une aire assez restreinte.

L'étude des minéraux lourds (d<2.9) et légers montre que le cortège minéralogique est homogène en dépit de quelques fluctuations de certains minéraux dont on reparlera par la suite.

4.1.8.1. Nature et répartition des minéraux lourds

De manière générale, le cortège minéralogique lourd-léger des sables de présente une certaine monotonie que cela soit du côté qualitatif ou quantitatif. En effet, l'uniformité observée ne nous permet pas d'élaborer des cartes d'isoteneurs de tel ou tel minéral. Toutefois, dans le cas des 2 auréoles de Boumerdes et de Boudouaou, nous donnerons les cortèges minéralogiques particuliers à ces deux zones.

Tourmaline, biotite, hématite, Sphène et zircon sont les composants majeurs du spectre des minéraux lourds. L'olivine, épidote, orthopyroxène et clinopyroxène sont très rares.

La Tourmaline est le minéral le plus caractéristique du cortège minéralogique lourd représente à lui seul 20 à 60 % des 3 fractions étudiées. Elle est de couleur verte essentiellement mais apparait parfois brune. L'Hématite représente 20 à 40 %, la Biotite représente 10 à 30 % de la fraction lourde. Les minéraux accessoires sont représentés par le Sphène (1 à 8 %) et le Zircon (1 à 5 %) (Tab.4.1).

Les minéraux légers sont représentés par un cortège varié de minéraux où le quartz occupe près de 60 % de la fraction détritique, ces minéraux se retrouvent très fréquents dans les falaises côtières du Corso. Les Feldspaths sont représentés par l'Orthose et les micas par de la Muscovite très abondante (20 à 30 %) et présente dans tous les échantillons prélevés à Boumerdes. La phase biogène caractérise l'essentiel de la fraction carbonatée de la région d'étude.

Minéraux lourds	Oued Boudouaou	zone centrale	Oued Boumerdes
Tourmaline	15	3	20
Hématite	12	2	10
Biotite	5	4	7
Sphène	1	0	1
Zircon	0-1	0	0-1
Minéraux légers			
Quartz	40	60	30
Muscovite	10	10	1
Orthose	1	1	2
Calcite	8	10	5
Phase biogène	8	10	10

Tab.4.1 : Distribution de la fraction minérale "lourde et légère" devant oued Boudouaou, oued Boumerdes et de la zone centrale (pourcentage en poids).

4.1.8.2. Distribution de la fraction minérale lourde totale

La répartition des minéraux lourds (fig. 4.16) montre des teneurs variant en moyenne entre 1 et 20 % avec 2 maxima de 28 % aux embouchures de l'oued Boumerdes et de l'oued Boudouaou. Ces teneurs importantes sont en fait localisées exclusivement aux alentours immédiats des embouchures de ces 2 oueds traduisant ainsi une origine des apports et un transit côtier résultant depuis la source jusqu'au milieu de dépôt.

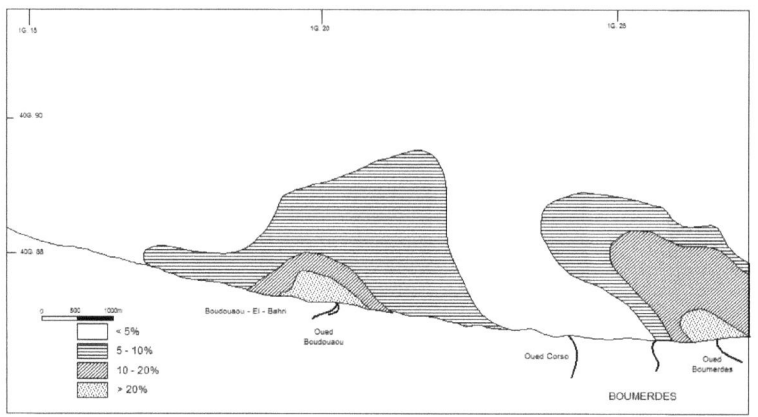

Fig.4.16: Répartition de la fraction totale des minéraux lourds.

A. Distribution de la fraction lourde 800-400 μm

La faible représentativité de cette fraction ne nous permet pas d'évaluer qualitativement les valeurs obtenues (fig. 4.17). Il est à souligner également que cette fraction granulométrique est elle même assez peu représentée à l'échelle régionale. Néanmoins, nous remarquons que les teneurs supérieures à 5 % ne montrent qu'une auréole collée à l'Est de la région d'étude à l'embouchure d'oued Boumerdes

Hormis cette auréole, la totalité de la région montre des teneurs très faibles oscillant autour de 1% de minéraux lourds dans la fraction 800-400μm.

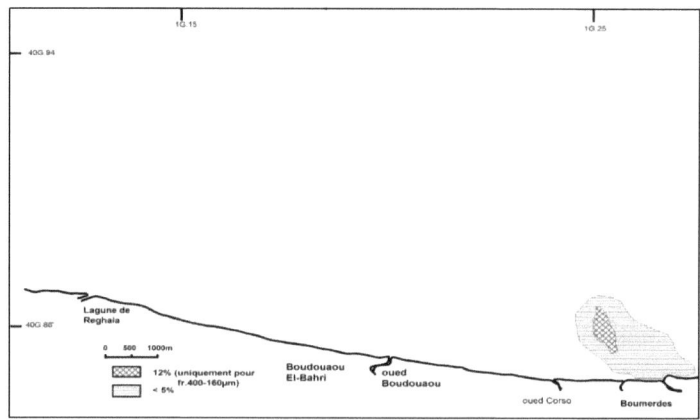

Fig .4.17. Distribution de la fraction lourde 800-400 μm.

B. Distribution de la fraction lourde 400-160 µm

Les teneurs en minéraux lourds de cette fraction sont sensiblement plus élevées avec des valeurs maximales de 12%.

Mais le même cas de figure que celui décrit ci-dessus est observable ne montrant qu'une seule province où les teneurs dépassent 5 % à l'embouchure de l'oued Boumerdes.

C. Distribution de la fraction lourde 160-80 µm

La fraction granulométrique 160-80 µm est caractérisée par des teneurs nettement supérieures aux 2 fractions précédentes; c'est la plus riche en minéraux lourds du sédiment détritique grossier (fig.4.18).

En effet, les plus grandes teneurs s'observent au droit de l'oued Boudouaou (27.5 %) ainsi qu'au débouché de l'oued Boumerdes où la teneur maximale est de 23.5%. Ces dernières s'atténuent vers l'Ouest d'où une marque de transit côtier à résultante vers l'Ouest. Mis à part ces 2 domaines, les teneurs restent très faibles au centre et au Nord de la zone de Boumerdes ou elles varient de 0 à 4%.

.

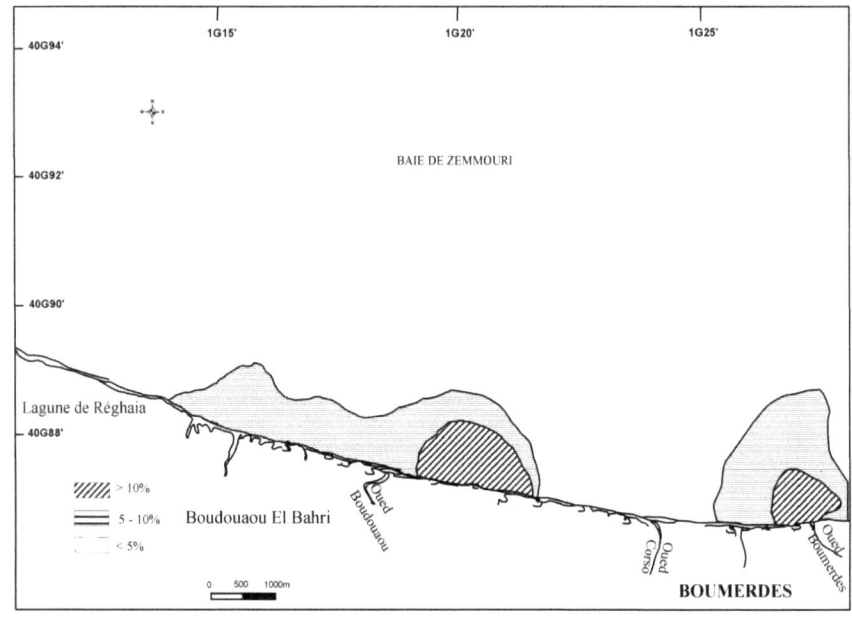

Fig.4.18: Répartition de la fraction minérale lourde 160-80µm.

4.1.9. CONCLUSION

La synthèse des résultats sédimentologiques ainsi que la répartition du diagramme de PASSEGA nous révèle trois classes modales.

La classe modale 40-160 µm dont la nature de la phase détritique (Quartz, mica) est plus importante que la phase biogène (lamellibranche, gastéropode); sa répartition augmente de la côte vers le large avec une nette prédominance de la fraction (5.10%). Alors que la dispersion de ce mode I nous montre une forte distribution de la fraction [60-100µm], d'après le diagramme de PASSEGA cette classe modale 1 correspond au sable fin qui s'est déposé par décantation.

La classe modale 2 (l60-400µm) montre une nature essentiellement terrigène (quartz, mica) et biogène (débris de lamellibranche, gastéropode). La répartition de ce mode nous montre une forte diminution de la partie orientale vers la partie occidentale avec une nette prédominance de la fréquence (5.15%). Par contre la dispersion de cette classe se fait essentiellement de la côte vers le large dans tout le secteur d'étude.

Dans le diagramme de Passega, cette classe correspond au sable moyen transporté par roulement.

La classe modale 3 (400-6300µm) la nature de la phase biogène est constituée par des lamellibranches et des gastéropodes, par contre la phase terrigène est constituée de quartz et de mica. La répartition de ce mode est plus importante dans le secteur occidental avec une nette prédominance de la fréquence (5-20%). La dispersion de cette classe nous montre une forte prédominance de la fraction (1 000- 6300µm) dans la zone occidentale. Dans le diagramme de Passega cette classe modale correspond au sable grossier qui est mis en mouvement par un fort courant de fond.

Les paramètres de la houle Nord-Est sont faibles (période 6s), ils favorisent un transit sédimentaire par dérive littorale vers l'Ouest c'est à dire de Boumerdes à El-Marsa.

La dérive littorale agit également au niveau des plages de Boumerdes, Boudouaou-el-Bahriet Ain –El-Beida , elle provoque un engraissement tendant au rééquilibre des plages.

Les houles de secteur Nord-Ouest plus puissants (période de 9s), provoquent une turbulence importante. L'ensemble des plages connait un démaigrissement sensible.

Les sables acheminés par cette dérive littorale alimentent la plage sous-marine dans la partie orientale par des courants de dérive littorale, les matériaux fins sont canalisés dans le chenal au droit de Oued Boudouaou et au droit du promontoire du rocher Noir. Les sables moyens à grossiers alimentent la ride d'avant côte. Notons toutefois que cette dérive s'atténue vers Boumerdes où des accumulations de sables sont observées par houle d'est ou d'ouest. Car même en période de houle de Nord-ouest la houle se diffracte au niveau du promontoire pour se décharger de ses sédiments. C'est ce même phénomène qui en fait est en train de causer des problèmes d'ensablement au niveau du port de cap-Djinet.

De l'observation des 3 fractions lourdes nous pourrons conclure que plus la taille des grains diminue, plus la teneur en minéraux lourds augmente contrairement à d'autres régions où l'inverse a été constaté (Golfe de Gascogne, F.Lapierre et A.Klingebiel, 1966). Cette importance en minéraux lourds dans la fraction la plus fine s'explique logiquement avec les résultats de l'étude de quelques roches en lames minces, qui a montré des minéraux dont la taille est réduite dans la roche mère (Granit de Thénia, micaschistes du « Rocher Noir »).

4.2. CARACTERES SEDIMENTOLOGIQUES DE LA FRACTION FINE

4.2.1 Analyse et répartition de la fraction lutitique (fine)

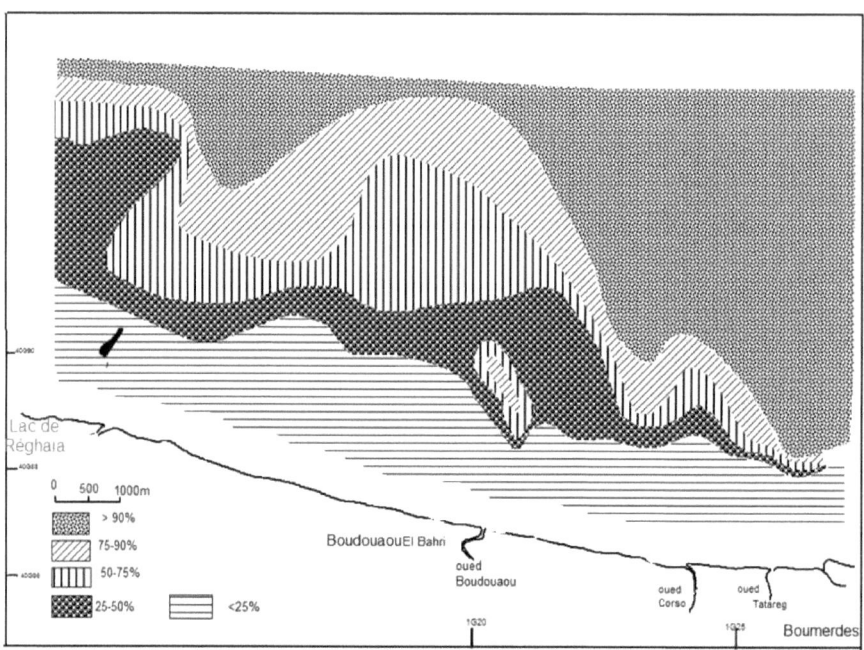

Fig.4.19: carte de distribution des lutites.

La fraction fine des dépôts superficiels de la région de Boumerdes (fig.4.19) suit un gradient naturellement croissant de la côte vers le large. Les teneurs sont assez faibles dans les petits fonds entre 0 et 15 mètres à 1500 m du rivage dans la zone Est et à 2000 m du rivage dans la zone Ouest. Les teneurs varient de 0 à 25%.

La limite d'envasement à 25 % se trouve pratiquement parallèle à la côte, à l'inverse des autres limites. Ceci serait lié à l'influence de la dynamique locale des petits fonds, où l'énergie hydrodynamique est encore puissante et aussi par la granulométrie des sédiments où les zones de mélange des classes modales sont assez restreintes expliquant ainsi le passage d'une zone à haute énergie vers une zone relativement plus calme, zone préférentielle des sédiments fins.

On remarque également que certains envasements locaux (60 à 90 % de lutites) se produisent notamment, face à l'oued Boudouaou et face à l'oued Boumerdes mais trop éparses pour souligner un quelconque envasement précoce comparés à l'Isser.

Ces dépôts lutitiques, les plus importants et les plus proches de la côte sont donc localisés dans des petits chenaux où les lignes d'isoteneurs en lutites suivent fidèlement le tracé des vallées.

Le long des parois du chenal Est, les pourcentages sont compris entre 50 et 75 %. Au centre de ce même chenal, les teneurs augmentent jusqu'à dépasser les 90 % à des profondeurs de 35 m.

Dans le chenal Ouest, face à oued Boudouaou, on n'observe qu'un noyau lutitique à forte concentration (jusqu'à 80 %) dans une aire où les teneurs ne dépassent guère les 50 %.

Il semble que ce noyau soit une relique d'une crue de Oued Boudouaou, ayant envahi un domaine granulométriquement grossier (> 4 0um). Dans le diagramme d'envasement, la concentration maximale (88 %) se trouve à des fonds variant de 40 à 50m.

4.2.1.1 Les silts grossiers

Ils représentent 8 à 35 % de la fraction lutitique. Leur distribution suit généralement une décroissance de la côte vers le large avec toutefois une dissymétrie entre l'Ouest et l'Est.

Dans la partie ouest de la zone d'étude, les teneurs sont supérieures à 20% C'est dans la partie centrale entre l'oued Boudouaou et l'oued Boumerdes qu'on observe les plus fortes teneurs (34,5%) en dehors des chenaux définis par la bathymétrie du lieu.

a carte des silts grossiers fait ressortir 3 zones bien distinctes:

- Une zone occidentale avec des teneurs supérieures à 20% de l'échantillon lutitique limitée à l'Est par l'oued Boudouaou (Fig.4.20).

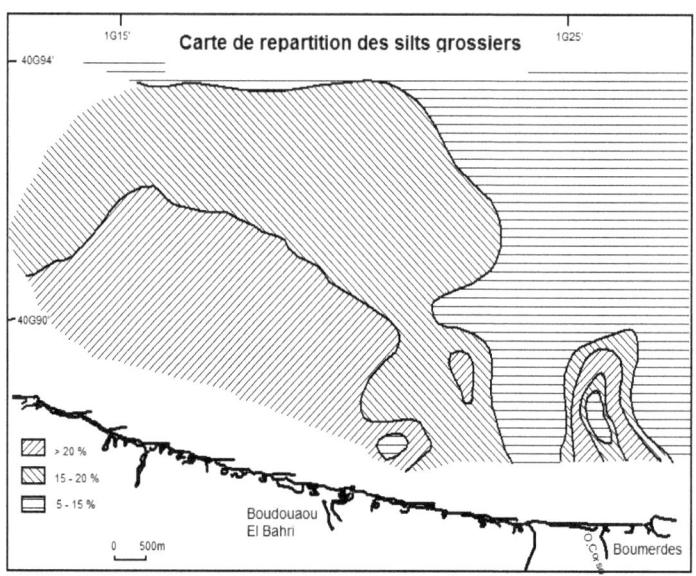

Fig.4.20: Carte de répartition des silts grossiers.

- Une zone centrale située entre l'oued Boudouaou et l'oued Corso montrant des teneurs oscillant entre 15 et 20%,

- Une zone orientale limitée par l'oued Corso et l'oued Boumerdes où les teneurs en silts grossiers sont inférieures à 15%, mis à part un noyau situé en face du promontoire du "Rocher Noir" où les teneurs sont en moyenne de 25%.

4.2.1.2 les silts fins

Constituant 12 à 40% de la fraction lutitique (fig.4.21), les teneurs en silts fins augmentent généralement d'Est en Ouest.

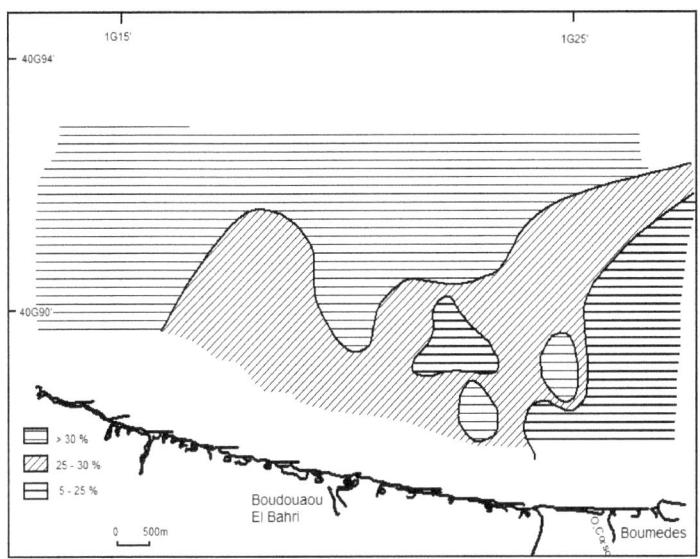

Fig.4.21: Carte de répartition des silts fins.

Le long du littoral oriental, à la limite de l'oued Corso et en face du promontoire de Boumerdes on observe des pourcentages inférieurs à 25%.

Ce faible taux en silts fins, dans une zone entaillée par un chenal, est compensé par un excès en argile.

Dans la zone centrale et vers la côte on observe des teneurs variant entre 25 et 30i% sauf à l'intérieur du chenal Est où un noyau apparaît avec des teneurs supérieures à 40%, ainsi que dans le chenal ouest où l'on observe également des teneurs à 40%.

Vers l'Ouest et au large, un domaine se présente avec des teneurs supérieures à 30%.

4.2.1.3 les argiles (fraction inférieure à 2 µm)

Les argiles constituent la fraction la plus représentée dans la classe des lutites, entre 40 et 75% (fig. 4.19).1

Les plus fortes teneurs s'observent dans la partie orientale de la zone de Boumerdes où elles sont supérieures à 60% (chenal Est). Dans les parties centrale et occidentale, les teneurs en argiles sont comprises entre 50 et 60%. On observe aussi dans la partie centrale de la zone d'étude un noyau contenant des taux en argiles variant de 40 à 50% .

4.3. Caractères granulométriques de la fraction lutitique

La granulométrie de la fraction lutitique fait apparaitre en général une évolution progressive de l'indice d'évolution où le faciès hyperbolique de décantation est atteint dans les échantillons de la vasière du large dans la zone circalittorale (l'allure générale de la courbe est hyperbolique).

En effet, la fraction lutitique de ce domaine est caractérisée par une faible proportion du stock silteux par rapport aux argiles avec une courbe hyperbolique témoin d'un dépôt évolué par décantation (n <-1, fig.4.22).

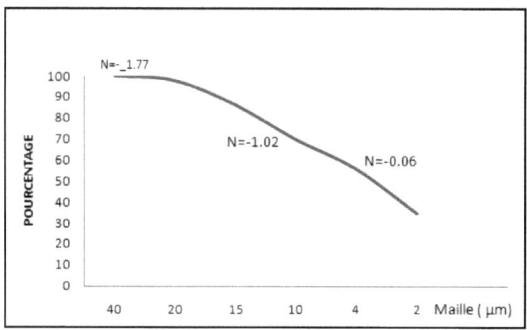

Fig.4.22. Courbe granulométrique fine et indice d'évolution N
Faciès type hyperbolique, domaine circalittoral.

On notera toutefois dans ces courbes un faciès anormalement moins évolué (n = -0.06) pour des vases circalittorale. Ce phénomène, déjà observé par Fernandez dans le Golfe du Lion (1984), provient du courant général en bordure du plateau continental qui associe grâce à un hydrodynamisme relativement plus important, un stock grossier silteux à la fraction argileuse.

Dans les secteurs plus proches de la côte (vers –50m, zone infralittorale), l'allure des courbes devient sublogarithmique tendant à hyperbolique. L'indice d'évolution n montre des stocks argilo-silteux évolués par transport (n =-1.38. N=-0.9 ; n=-0.1, fig.4.23). Ces faciès, d'après Rivière, représentent le terme extrême d'une évolution liée à un mode défini de transport, déposés aux débouchés des canyons sous marins.

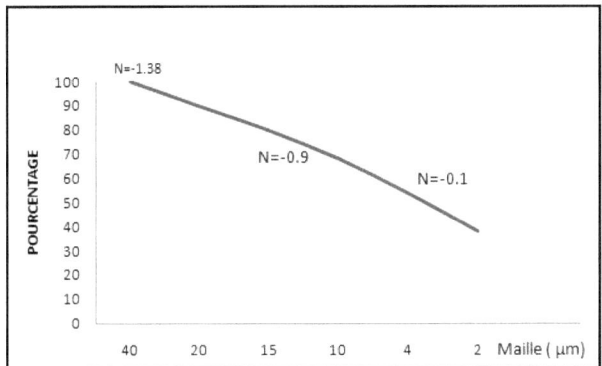

Fig.4.23 Courbe granulométrique fine et indice d'évolution N
Faciès type sub-logarithmique, domaine infralittoral.

Dans la zone côtière centrale, face à l'embouchure de l'oued Boudouaou, la fraction argileuse diminue au profit des stocks silteux. on observe effectivement des taux silteux (grossier et fin) assez importants (60%). Les courbes présentent une allure générale parabolique avec un stock silto-argileux marqué par un faible degré d'évolution montrant ainsi un dépôt par excès de charge (n = -0.9, n = -0.5, -0.29 ; -1< n < 0 ; fig.4.24).

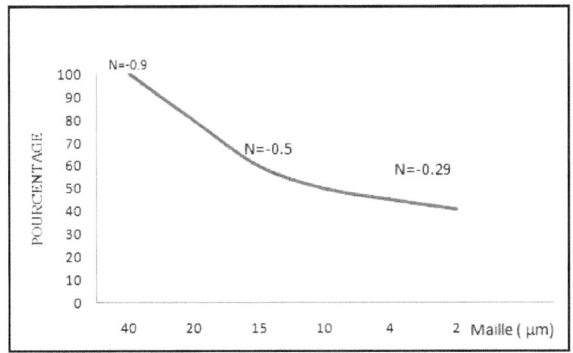

Fig.4.24. Courbe granulométrique fine et indice d'évolution N
Faciès type parabolique face A l'embouchure de Oued Boudouaou.

4.4. Minéralogie des argiles

« L'héritage des minéraux depuis les terres émergées est le phénomène essentiel responsable de la sédimentation marine » (H, Chamley, 1971). En effet, les argiles observées en mer proviennent en fait des altérations et érosions continentales par l'intermédiaire des grands fleuves et dans une moindre mesure par les vents, puis dispersés principalement par les différents courants marins.

Ces minéraux peuvent être transformés lors des changements du milieu continental (fluviatile) vers le milieu marin.

Ce sont soit des cicatrisations cristallines, soit des cicatrisation (néoformation de la smectite à partir des cendres volcaniques), soit enfin une transformation de minéraux argileux sous l'effet des ions en solution.

En Méditerranée, suivant les domaines étudiés et pour beaucoup d'auteurs on retrouve généralement le même groupe de minéraux à savoir la kaolinite, la chlorite et l'illite.

- En Méditerranée Occidentale, la prédominance de l'Illite et son origine détritique sont confirmées par Nesteroff et Biscaye, ainsi que par Rateev et Kheirov (in Chamley ; 1965)

Sur les côtes algériennes, l'augmentation de la kaolinite par rapport aux autres argiles est nette et correspond à l'érosion des sols et paléosols continentaux surtout le miocène post-nappe très riche en argile de ce type..

Dans une étude régionale plus détaillée dans la minéralogie du matériel en suspension et en concordance avec l'étude faite par H. Chamley, H. Pauc, (1991) dresse un tableau montrant la composition minéralogique des suspensions de crues des principaux oueds

En Algérie (pour la crue générale de février 1982, tab.4.2). En ce sens, il décrit une Province potentiellement kaolinitique à l'ouest et au centre (Chélif. et Isser), et une province "illitique" à l'est (Sebaou, Soummam). La Smectite n'a pas pu être prise en considération pour des raisons purement techniques de l'appareillage de diffraction des RX.

argile	oued	Chelif	Mazafran	Isser	Sébaou	oummam
kaolinite		36%	38	36	15	23
chlorite		16	3	14	13	19
smectite		21	29	24	38	22
illite		27	30	26	34	36
argiles		74	68	50	76	49
Détritiques		18	22	41	20	38
Calcite		7	9	7	3	11

Tableau 4.2. Composition minéralogique des suspensions des principaux oueds d'Algérie (H. Pauc, 1991).

L'analyse minéralogique des argiles a permis, à l'échelle régionale, de cartographier ces argiles, déterminer leur nature, leur origine et enfin leur évolution spatiale.

4.4.1 Analyse minéralogique de la fraction argileuse

L'analyse minéralogique de la fraction inférieure à 2µm a donné les résultats suivants:

Les teneurs en minéraux argileux (Kaolinite, Illite, Chlorite et Smectite) ont été estimées à partir des surfaces des pics de diffraction de chaque espèce minéralogique par rapport à la fraction inférieure à 2µm totale contenant les teneurs en quartz, en interstratifiés et enfin en calcite résiduelle (bien que les échantillons soient bien décalcifiés il reste toujours de la calcite « résiduelle »). Le tout étant considéré à 100%.

Pour obtenir les pourcentages relatifs des minéraux argileux entre eux, on considère le total des surfaces des pics de l'illite (5 A°), de la kaolinite (3.63 A°) et de la chlorite (3.56 A°), comme équivalent à 100%. Ensuite on rapporte chacune des surfaces à ce total, ce qui donne le pourcentage relatif de chacune des argiles du mélange.

4.4.2 Caractères minéralogiques

L'ensemble des pourcentages a été déterminé sur les 3 essais. En ce qui concerne les facteurs de correction, on a corrigé la surface du quartz résiduel en la multipliant par le coefficient 5 et celle de l'illite en multipliant par 1,35 (facteur de correction expérimentale de l'appareil, (*Philips* de *type* PW 1316)).

La précision de cette méthode reste très relative en fonction de l'état cristallin des minéraux. Sur l'ensemble des dépôts, on a estimé les quantités relatives des minéraux argileux suivant :

- la kaolinite, représentée par son pic à 3,63 A° interférant généralement avec le pic de la chlorite.

- la chlorite, représentée par son pic à 3,54 À° (son 2ème pic à 7 À° interfère avec celui de la Kaolinite).

- l'illite caractérisée par son pic à 5 A°.

On retrouve ces 3 minéraux souvent associés à une faible proportion d'interstratifiés (pics de 10 à 14 A°), au quartz (pic à 3,33 A°) et à la calcite (pic à 3,07 A°). Notons enfin que ces minéraux argileux sont généralement bien cristallisés en comparaison avec le Feldspath avec une teneur faible, et les interstratifiés ainsi que la smectite en trace dans les échantillons argileux.

4.4.3 Distribution des minéraux argileux dans le sédiment superficiel

La répartition des minéraux argileux dans la fraction détritique inférieure à 2μm (Fig.4.25) montre des variations des pourcentages entre 13 et 72%. Les taux les plus élevés sont observables dans la partie orientale de la zone d'étude en face des oueds Boumerdes et Corso.

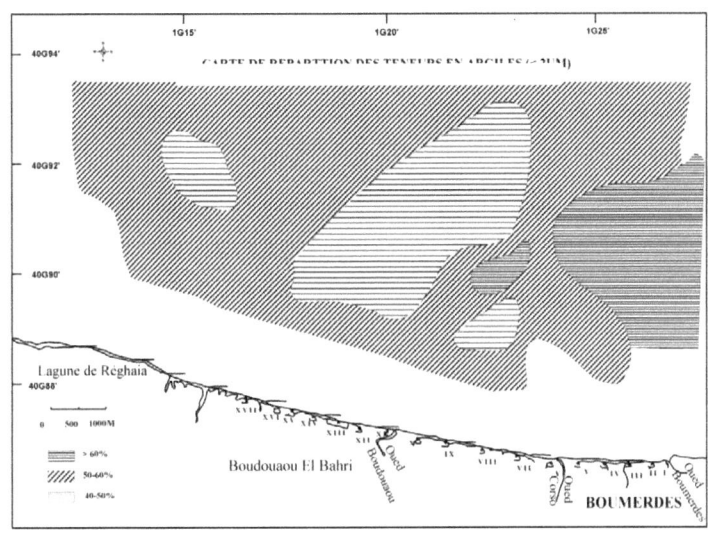

Fig.4.25: Carte de répartition des teneurs en argiles (<2µm) dans les sédiments superficiels.

Une polarité visible des teneurs parait croissante de l'Est vers l'Ouest. Cette concentration maximale indique que les apports argileux proviennent des trois oueds Corso, Tatareg et Boumerdes, chenalisés vers l'est jusqu'au droit de Oued Boumerdes puis piégés dans un chenal orienté sud-nord et évacués vers le large.

Par ailleurs, la ligne des 50% semble se rapprocher de la côte au droit de l'oued Boudouaou ce qui explique la concentration des minéraux argileux à cet endroit (supérieure à 50%). Ces argiles proviendraient des terrains miocènes du bassin versant de l'oued Boudouaou et drainés par ce dernier vers la mer.

A. La Kaolinite

La kaolinite qui est le minéral cardinal est très largement distribuée dans les sédiments fins superficiels (fig.4.26). Ses teneurs dépassent en moyenne celles de l'illite, elles sont comprises entre 20 et 52 %. Avec ceux de l'illite, ce sont les 2 plus importants taux (70 à 80 %) de la fraction minérale argileuse.

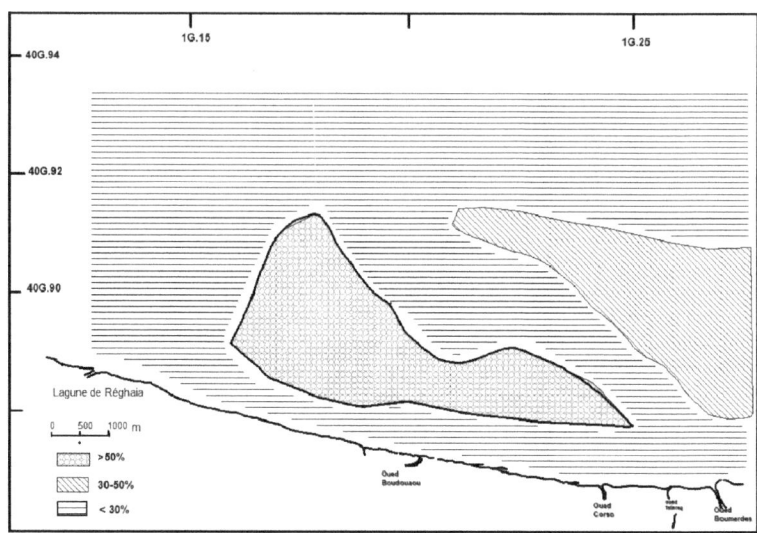

Fig.4.26: Distribution de la Kaolinite dans les sédiments superficiels.

C'est dans le secteur central de la région de Boumerdes et au droit de oued Boudouaou que l'on retrouve les plus grandes concentrations (plus de 50 %), ceci à des profondeurs comprises entre -25 et -50 mètres (zone du début d'envasement).

Vu la répartition "très côtière", mais pourtant décollée de cette dernière, et dirigée d'Est en Ouest, il est possible que lesapports en kaolinite seraient attribués à l'oued Isser sous l'effet du courant de dérive littorale avec des houles du secteur NE p extension de la tache turbide de ce dernier en surface.

Il est à noter qu'en période de crue, la tache turbide de oued Isser arrive jusqu'aux alentours de l'îlot Bounettah (ou îlot Aguelli suivant les cartes)(crue d'avril 1971, février 1982 et mars 1991,cf. annexe).

B.L'Illite:

L'illite présente des teneurs peu variables, elle suit la répartition générale de la marge algérienne. C'est le minéral dominant avec la kaolinite. Ses teneurs oscillent entre 23 et 50% du total des 3 minéraux argileux. Dans la région de Boumerdes (Fig.4.27), la répartition de l'illite montre l'existence de 2 zones en noyaux notamment en face des oueds Boumerdes et Corso où se trouvent les plus fortes teneurs (51%). De l'oued Corso vers l'Ouest, les teneurs restent relativement les plus faibles (20 à 30%).

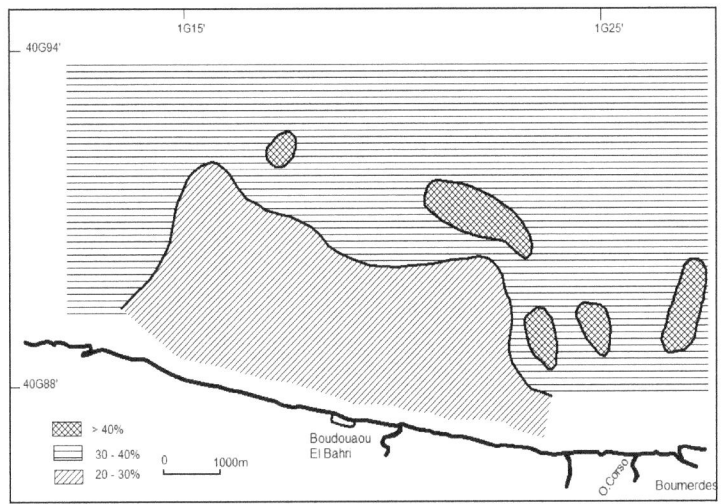

Fig.4.27 : Distribution de l'Illite dans les sédiments superficiels.

Dans le reste de la région, les teneurs sont très homogènes avec des teneurs variant entre 30 et 40%. Cette homogénéité concorde bien avec la "sédimentation générale illitique de la marge algérienne, perturbée par les conditions locales" (H. Chamley, H. Pauc, 1991).

C. La Chlorite:

La chlorite (fig.4.28) est également homogène sur le plateau continental. Elle occupe 20 à 25% du cortège argileux, mais montre des pourcentages qui augmentent sensiblement (> 25%) dans les zones des silts grossiers où elle semble en relation directe avec la granulométrie de ces derniers. C'est dans cette même zone que l'on trouve l'essentiel de la fraction silteuse grossière.

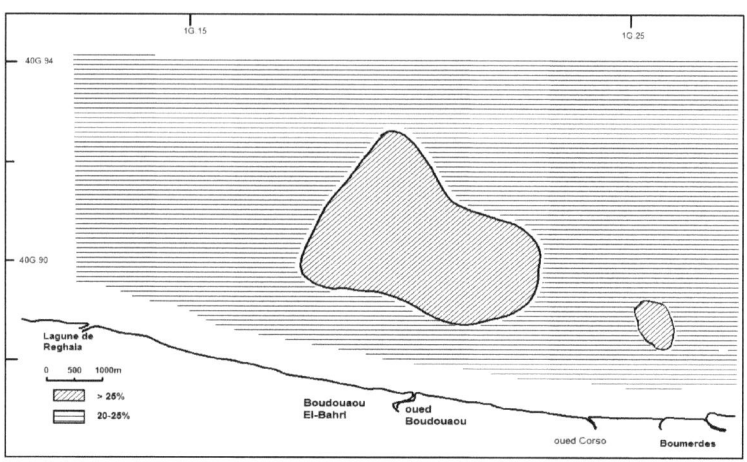

Fig.4.28: Distribution de la Chlorite dans les sédiments superficiels.

En effet, la grande taille de la chlorite lui permet de se déposer aux alentours immédiats des sources d'apports (origine détritique), d'où les fortes concentrations devant les embouchures de l'oued Boumerdes - qui draine les minéraux des faciès métamorphiques et éruptifs de Thénia - et de l'oued Boudouaou.

L'importante auréole située face à ce dernier est sans doute due à la concentration de la chlorite issue des formations éruptives et métamorphiques affleurant à l'Ouest de Boudouaou-El-Bahri.

4.5. Conclusion

Origine des minéraux lourds

La distribution des minéraux lourds au débouché de l'oued Boumerdes et de l'oued Boudouaou montre que ces minéraux proviennent probablement du complexe éruptif Néogène de Thénia drainés par l'oued Boumerdes et par le démantèlement du promontoire cristallophyllien du "Rocher Noir" comme l'a attestée l'étude des minéraux en lames minces de ces régions.

Les minéraux présents dans l'auréole "lourde" au débouché de l'oued Boudouaou ne peuvent provenir que des terrains métamorphiques et éruptifs affleurant au Sud-ouest de Boudouaou -El-Bahri.

Dans la fraction minérale légère, L'étude des échantillons prélevés dans les falaises littorales actives du Corso ont montré une similitude parfaite avec le cortège minéralogique en milieu marin. Il semblerait donc que l'essentiel des minéraux résultent d'apports fluviatiles et de ruissellements littoraux locaux.

Origine des minéraux argileux

Les dépôts argileux de la zone de Boumerdes sont caractérisés essentiellement par l'association de la kaolinite, de l'illite, de la chlorite et de la smectite.

La kaolinite, minéral le plus répandu, se dépose près de côte en larges surfaces dans des domaines en ligne orientée Est-Ouest impliquant ainsi l'influence de la dérive littorale

Le chlorite qui est le minéral de plus grande taille, se dépose aux alentours des émissaires, avec peu de déplacements, induisant ainsi une origine locale quoique son transport se fait par suspension mais elle reste relativement plus lourde que les autres minéraux argileux donc logiquement plus proche de la côte.

Les dépôts d'illite se présentent en noyaux à fortes concentrations.

L'origine de ces minéraux est à rechercher dans les terrains mio-pliocènes de l'arrière-pays. De l'analyse minéralogique dans les marnes plaisanciennes affleurant au niveau de oued Boudouaou dans l'arrière-pays est algérois, nous avons noté que la kaolinite est beaucoup moins représentée que l'illite et la chlorite, d'où sa provenance probable de l'oued Isser.

Les minéraux de ces terrains sont drainés par les différents oueds côtiers (Isser, Boudouaou, Corso, Tatareg et Boumerdes).

L'origine de ces minéraux (notamment la chlorite) provient des formations éruptives et métamorphiques du massif de Thénia, drainés par l'oued Boumerdes, dont les crues bien que rares, ne sont pas négligeables à l'échelle locale.

Ainsi donc, de l'observation des cartes et à partir de la distribution des différents minéraux argileux, on pourrait déduire que les oueds cités auparavant assurent l'essentiel de l'alimentation en argile de cette région.

Cela est confirmé par les apports de l'oued Isser dans l'étude suivante des dépôts meubles de la zone orientale.

CHAPITRE. 5. LES DEPOTS SUPERFICIELS MEUBLES DU PLATEAU CONTINENTAL DE LA BAIE DE ZEMMOURI : SEDIMENTOLOGIE ET MISE EN PLACE

Zone orientale

5.1 .CARACTERES SEDIMENTOLOGIQUES DE LA FRACTION GROSSIERE

Introduction

Le littoral oriental de la baie de Zemmouri peut être subdivisé en quatre plages sableuses individualisées et sensiblement rectilignes. D'ouest en est s'alignent. les plages de Boumerdes, El-Kerma (ex Figuier). Zemmouri El-Bahri et Cap-Djinet. Elles sont limitées respectivement par les pointements rocheux, du Rocher Noir, du Cap Blanc de l'éperon de Zemmouri El-Bahri et enfin du cap Djinet avec une plage qui reste la plus étendue de la baie.

5.1.1 ANALYSE GRANULOMETRIQUE

L'analyse granulométrique a porté sur l'ensemble des échantillons répartis sur la totalité de la zone étudiée. Les sables côtiers présentent des courbes granulométriques plurimodales alors que les courbes unimodales caractérisent les dépôts au-delà de 20 mètres de profondeur. La répartition des différents stocks granulométriques relatifs à cette fraction rend compte de leur dynamique et de leur mobilisation. L'analyse des différents constituants du matériel grossier a permis de différencier les sources d'apports. Le mode de dépôt est caractérisé par le diagramme de Passega

La statistique des modes fait apparaître quatre ensembles dimensionnels correspondant à quatre classes modales (Fig. 5.1).

* La classe modale A $<250\mu m$

    B $250\text{-}630\mu m$

    C $630\text{-}1250\ \mu m$

    D $>1250\ \mu m$

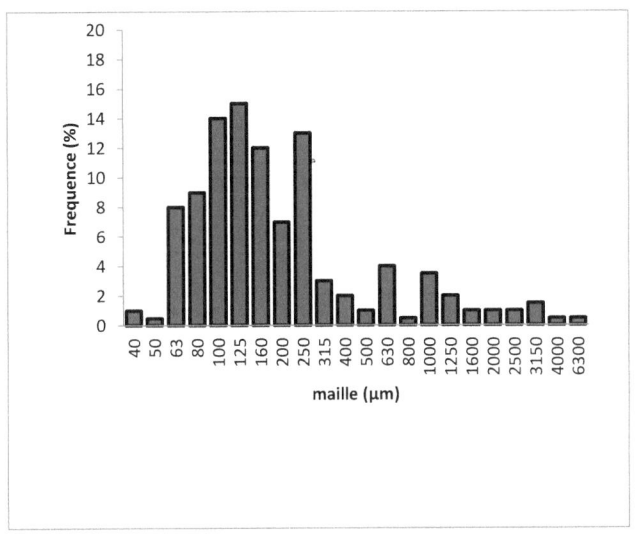

Fig.5.1 Analyse modale : histogramme de fréquence des sédiments superficiels de la
Zone orientale du plateau continental de Zemmouri

5.1.1.1. Classe modale A

(< 250μm) :. Les échantillons caractérisés par cette classe, sont associés à de fortes teneurs en fraction lutitique, inférieure à 40μm. La classe modale A est présente dans la totalité de la baie sauf sur les rides d'avant côte où l'hydrodynamisme est trop fort (Fig. 5.2).

Sa composition est un mélange de sable micacé et schiste, avec des proportions notables en quartz.

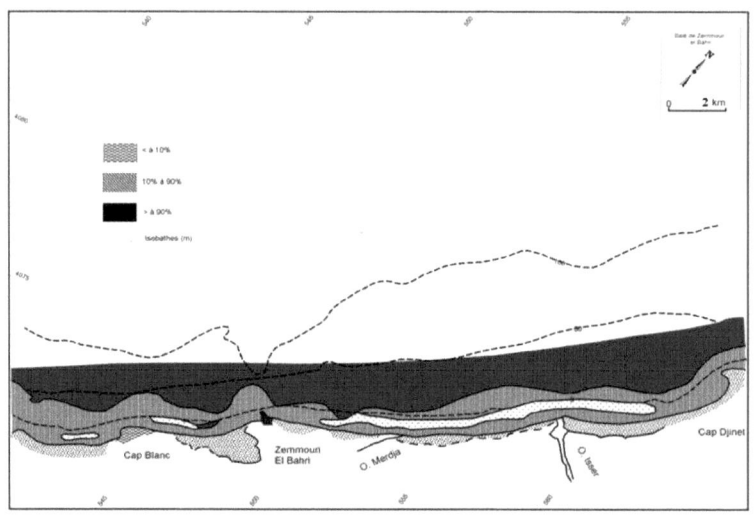

Fig.5.2 Carte de répartition de la classe modale A (<250µm) zone orientale

Comme celles de la zone occidentale Les courbes granulométriques de ces échantillons sont unimodales (Fig. 5.3). Ce sable est caractérisé par un bon classement car l'indice de classement de Trask S_0 pour les courbes (Zr II-7, Zr VIII- 7, ZrVIII-8 et Zr 0-7) est compris entre 1.5 et 2.

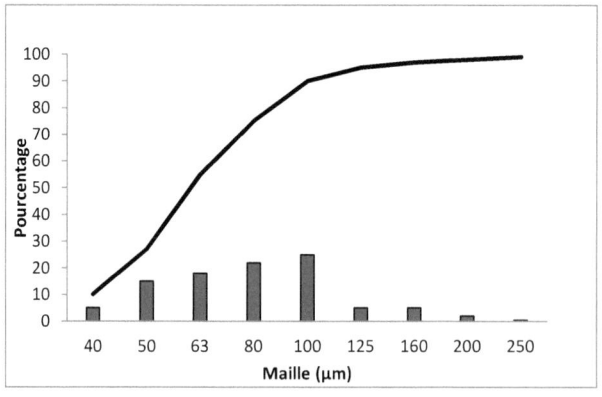

Fig.5.3 exemple d'échantillon classe modale A

5.1.1.2. La classe modale B (250µm à 630µm) : Cette classe est caractérisée par des sédiments, dont les bornes granulométriques s'étalent de 250µm à 630µm. Sa répartition suit un gradient décroissant de la côte vers le large à l'inverse de la classe modale A. Les teneurs relativement élevées se localisent à la côte, jusqu'à la profondeur de 10m. Dans la partie occidentale ; les faibles teneurs semblent souligner la morphologie des canyons de Zemmouri et du Cap Blanc (Fig. 5.4 ; H. Benslama op.cit.).

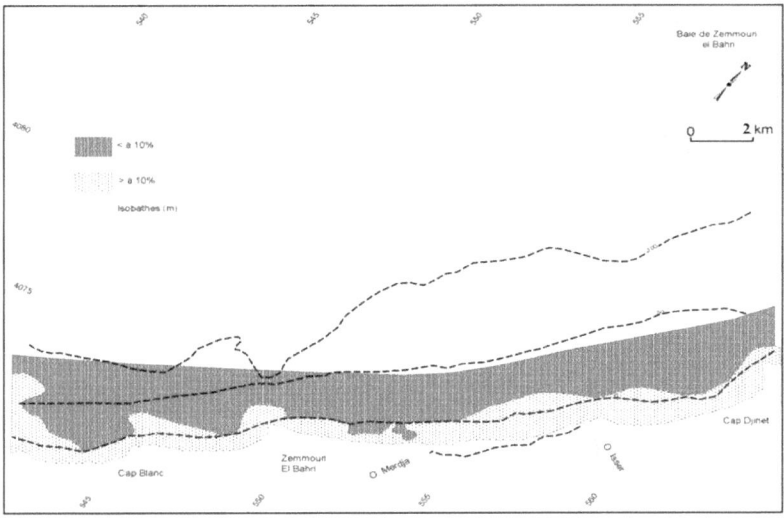

Fig.5.4; carte de répartition de la classe modale B (250-630µm) zone orientale

Ce sable de couleur grise, à gris brunâtre, renferme des débris de roches (gneiss, micaschistes) du calcaire bioclastique et des foraminifères glauconieux ou pseudomorphosés par la calcite et la silice (Leclaire, 1972).

Les courbes granulométriques sont assez redressées, avec une légère dissymétrie des parties grossières. Elles sont unimodales à bimodales (Fig. 5.5).

Le sédiment caractérisant cette classe, est assez bien classé $S_0=2.5$ à 3 pour toutes les courbes. Le paramètre de forme marqué par l'asymétrie, montre une symétrie, respectivement pour les courbes. On notera toutefois une asymétrie vers les grandes tailles pour le prélèvement Zr XIII-3.

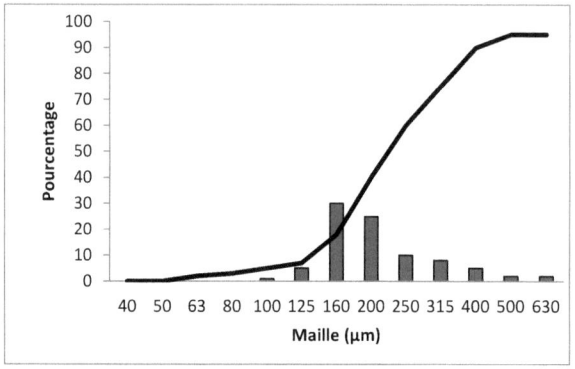

Fig.5.5   exemple d'échantillon classe modale B (Zr XIII-3)

5.1.1.3. Classe modale C (630µm - 1250µm) :

Ce mode est très peu représenté (fig.5.6) et matérialise un sable grossier, renfermant des dragées de quartz (provenant des formations de grés du Numidien) et des débris de roches métamorphiques. Il est disposé en auréoles alignées tout au long de la côte à des profondeurs n'excédant pas les 10 mètres.

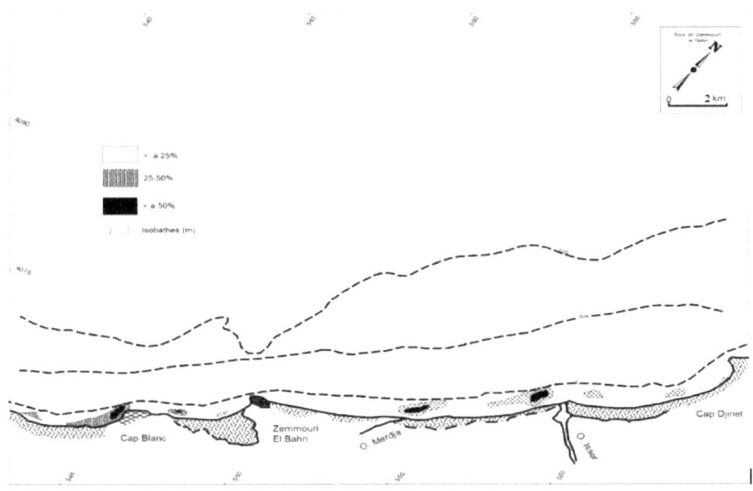

Fig.5.6 : carte de répartition de la classe modale C630μm - 1250μm

Les teneurs. Les plus fortes à plus de 50% sont localisées entre l'oued Isser et Zemmouri El-Bahri, et de part et d'autre du cap Blanc (Fig.5.6). Ce sédiment grossier occupe le sommet des rides d'avant-côte. Les faibles pourcentages s'étalent dans la zone infralittorale et côtière (Fig. 5.7 échantillon Zr XVI-0).

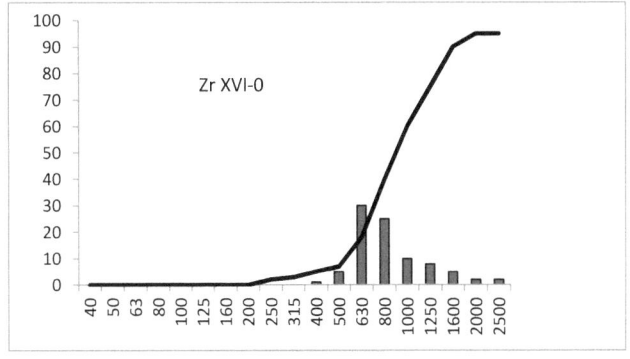

Fig.5.7   exemple d'échantillon classe modale C

Les sédiments de cette classe se situent à la côte confrontés à une énergie puissante, sous l'influence de la dérive littorale et du déferlement des vagues. Ces deux phénomènes entraînent un fort classement et une usure importante des sédiments rencontrés le long de cette zone côtière.

Les courbes granulométriques (Fig. 5.7) représentant cette classe, sont assez redressées. Les sédiments de ce mode sont moyennement classés dans la zone côtière à moins de 10 mètres de profondeur (3,5<Sk<4,5).

5.1.1.4. Classe modale D (> à 1250µm) :

Les tailles granulométriques de cette classe sont supérieures à 1250µm. Sa répartition, très discontinue, se matérialise au niveau du jet de rive et des fonds rocheux (Fig. 5.8). Il s'agit d'un sable très grossier hérité des platiers rocheux et du démantèlement sur place des différents caps (Cap Djinet, éperon de Zemmouri et du Cap Blanc). Ce sable est constitué d'un mélange de roches volcaniques et métamorphiques et de composants organogènes. représentés par des lamellibranches et des gastéropodes et de leur débris.

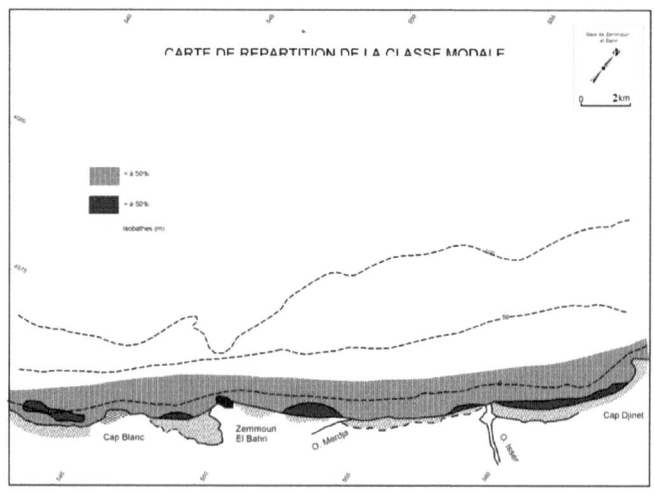

Fig.5.8 Carte de répartition de la classe modale D> 1250 µm zone orientale

Les courbes granulométriques sont bimodales à plurimodales (Fig.5.9), et représentatives des classes B et C. Les sédiments de ce mode sont caractérisés par un mauvais classement, ($S_0>4.5$). Ceci s'explique par un mélange de population de nature et de tailles différentes. La distribution de ce mode est observée à l'est du Cap Blanc et aux abords de Oued Isser ainsi que devant l'embouchure de Oued Merdja.

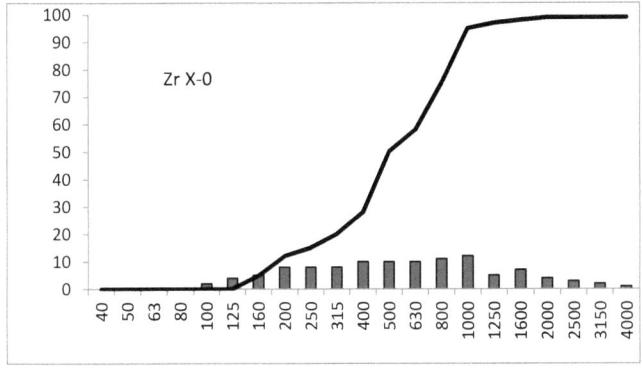

Fig. 5.9   Exemple d'échantillon de la classe modale D

5.1.2. Carte des facies

La carte des facies (Fig.5.10) est en quelque sorte la synthèse de tout les facies que l'on a de terminé et décrit à travers les cartes des 4 classes modales pour les sédiments grossiers (>40µm), mais cette carte serait incomplète si elle n'est pas suivie par le traitement de la partie fine ou lutitique (<40µm) afin de déterminer la cartographie de cette dite partie à travers les cartes des silts grossiers des silts fins et enfin des argiles.

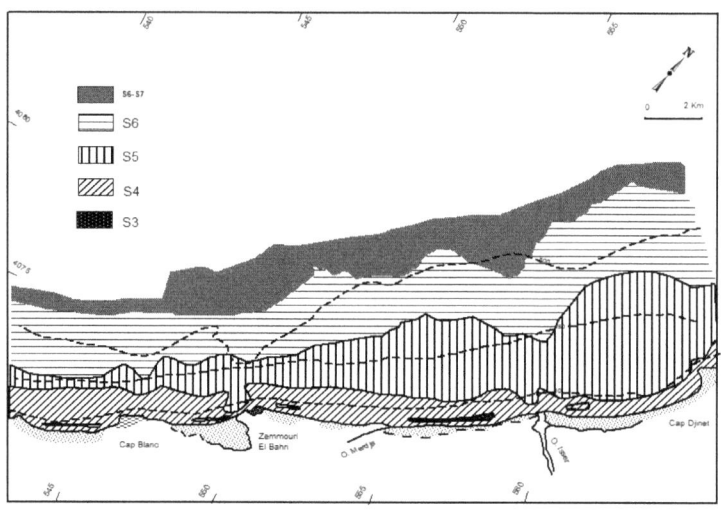

Fig.5.10 Carte des facies de la zone orientale du Plateau continental de la baie de Zemmouri

5.2 . CARACTERES SEDIMENTOLOGIQUES DE LA FRACTION FINE

5.2.1 Diagramme d'envasement :

Le diagramme d'envasement a été tracé suivant le pourcentage des lutites en fonction de la profondeur pour chacun de ces échantillons. Celui-ci fait ressortir trois zones distinctes : (Fig. 5.11).

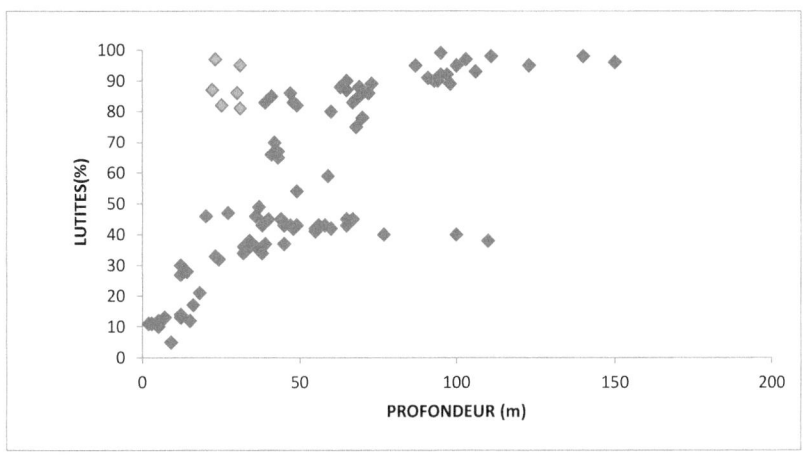

Fig.5.11 : Diagramme d'envasement zone orientale et occidentale

- Un envasement normal et progressif, les teneurs en lutites augmentent avec la profondeur (points en gris)

- Une zone à envasement précoce, le taux en lutites est fort par petits fonds (10 à 30m)(points en vert).

- Une zone caractérisant le coquillier du large, matérialisée par un faible pourcentage en lutites à de grandes profondeurs (70 à 100m points en rouge).

5.2.2 Répartition des lutites :

Les dépôts des particules silto-argileuses débutent à partir des profondeurs de 20m. Au-delà les proportions en lutites augmentent avec la profondeur dans le cas général, ce schéma est perturbé par l'existence du coquillier du large.

La carte de répartition des teneurs en lutites (Fig 5.12) fait ressortir d'une manière générale deux secteurs bien distincts par la dissymétrie des gradients de distribution des iso teneurs en lutites : un secteur occidental de Zemmouri vers le Cap Blanc et un secteur oriental de Zemmouri vers le Cap Djinet

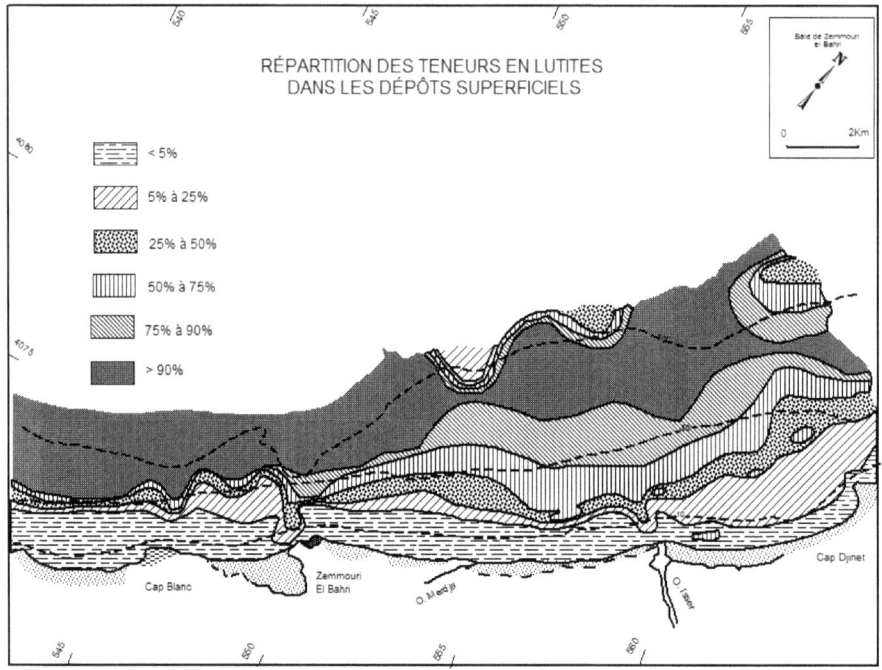

Fig.5.12 carte de la répartition des lutites dans la zone orientale du plateau continental de la baie de Zemmouri

Le secteur occidental : La frange côtière pauvre en lutites (< à 5%)est bien développée notamment à l'Ouest du Cap Blanc. Les iso teneurs en lutites intermédiaires sont représentées par des liserés plus ou moins marqués **qui** traduisent un gradient rapide vers l'envasement total (> à 90% de teneurs en lutites). Ce dernier débute à - 50 mètres et même à de moindres profondeurs dans l'axe du canyon d'Alger et face au Cap Blanc. L'Isobathe 50 m marque le début de l'envasement circalittoral(H. Benslama op.cit).

- Le secteur oriental : Les teneurs en lutites sont marquées par un envasement très progressif sur tout le plateau. La carte des lutites fait ressortir un parallélisme des bandes d'iso teneurs plus larges à l'est entre le cap Djinet et le port de Zemmouri. Cet envasement est perturbé dans la frange côtière, près de l'embouchure de l'oued Isser par des auréoles de concentration supérieures à 50% entre 10 et 30m de profondeur, ce phénomène est bien souligné par le diagramme d'envasement. Ce sont probablement des sédiments de crue fraîchement déposés. Cet envasement précoce résulte de la floculation électrochimique du matériel argilo-colloïdal à l'interface eau douce - eau salée à proximité des embouchures (H. Pauc 1980).

Il en résulte à court terme la constitution d'une formation prodeltaïque; ce phénomène se retrouve au débouché de tous les émissaires autour de la Méditerranée (Aloïsi et al., 1975; 1982).

A proximité de l'isobathe 100 m, face à l'oued Isser et face au Cap Djinet, des auréoles de concentrations à moins de 50% de teneur en lutites ont été cartographiées Cette répartition est due à la présence d'un matériel grossier constitué de coquilles (lamellibranches, gastéropodes, etc.) de nature carbonatée.

5.2.2.1 Les silts grossiers (40-10µm) :

La carte de la répartition des silts grossiers montre une grande dissymétrie est-ouest car les concentrations supérieures à 15% sont cantonnées dans le secteur ouest, au droit du port de Zemmouri et du Cap Blanc (Fig. 5.13).

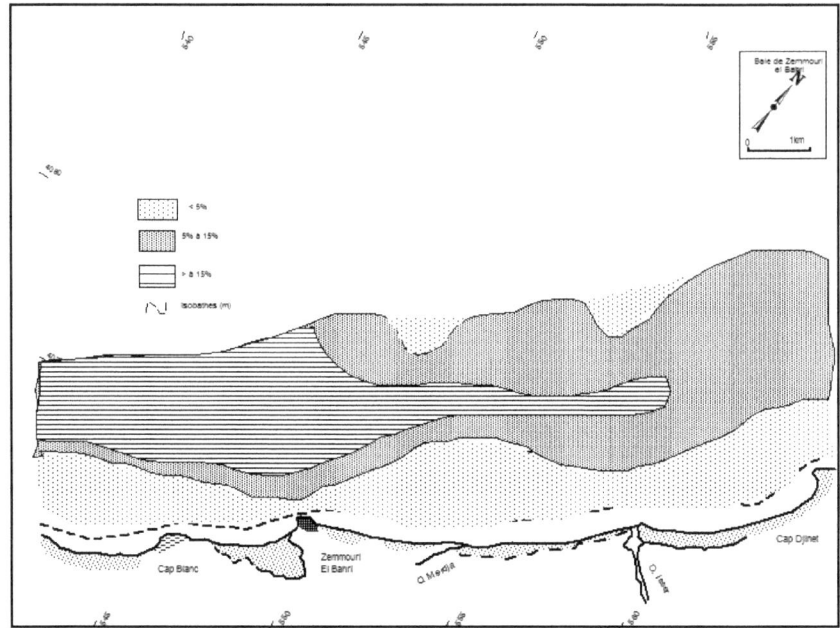

Fig. 5.13 : Distribution des silts grossiers dans la zone orientale

Les teneurs supérieures à 15% s'étalent seulement, au-delà de l'isobathe 50m et se concentrent de plus en plus vers l'ouest. Le taux de silts grossiers à plus de 5% s'étale vers l'est.

Les isoteneurs inférieures à 5% forment une large bande parallèle à la côte.

A la limite du plateau continental, face à l'Isser et l'oued Merdja, on retrouve des dépôts renfermant moins de 5% de silts grossiers.

5.2.2.2. Les silts fins (10-2µm) :

Les silts fins représentent des teneurs comprise entre 19 et 40% de la fraction lutitique, nous avons pu, grâce à ces taux, établir une carte (fig. 5.14) faisant apparaitre deux zones assez distinctes limitées par la courbe 25% :

Des teneurs supérieures à 25% se présentant en auréoles dont l'une importante juste face à oued Isser représentant un argument supplémentaire de l'existence d'un envasement précoce face à l'Isser ; et une autre complètement à l'est face a à Cap-Djinet.

Des teneurs inférieures à 25% occupent le reste de la partie orientale de la Baie de Zemmouri en s'amenuisant sensiblement vers l'ouest.

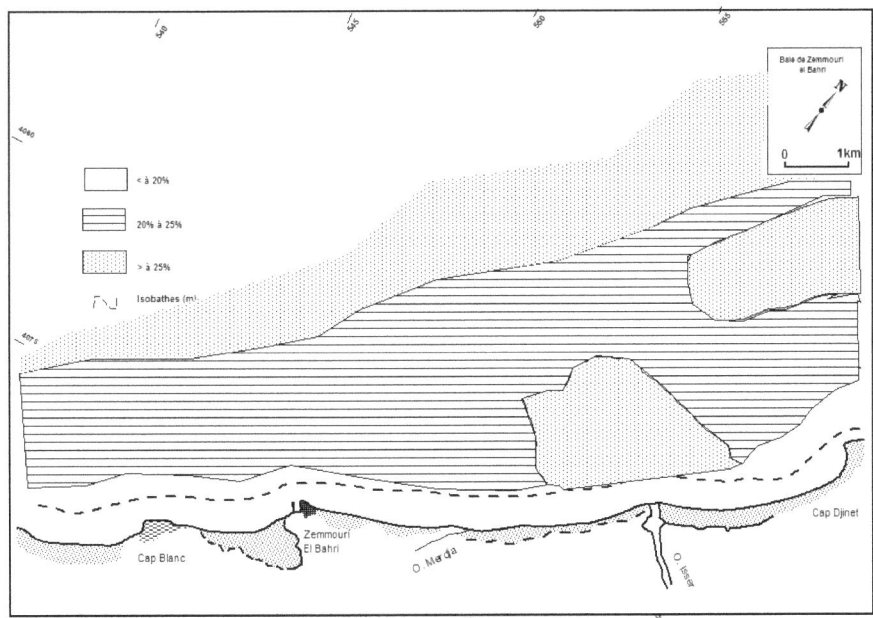

Fig.5.14 : Distribution des silts fins dans la zone orientale

5.2.3. Caractères granulométriques de la fraction fine

Nous avons essayé de déterminer les modalités de transport et de dépôt de la fraction lutitique dans et autour (zone marine) de Oued Isser pour tenter de déceler un éventuel ancien prodelta ou du moins un envasement précoce.

De ce fait nous avons pris des échantillons ciblés positionnés comme le montre la figure 5.15 et nous avons remarqué que :

Les courbes granulométriques des échantillons cités font apparaître deux aires à faciès logarithmiques et sublogarithmiques, l'une située au Sud-ouest, et l'autre au Nord-est Fig.5.15).

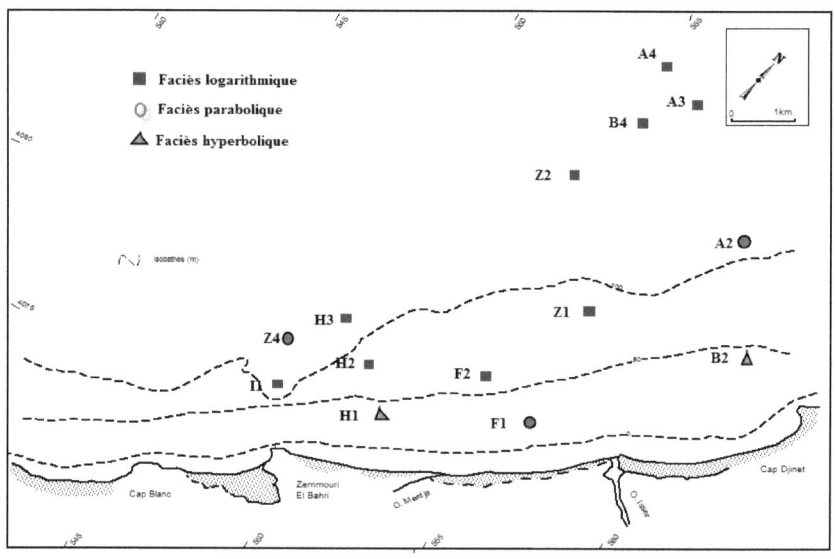

Fig.5.15 :Types de facies et indice d'évolution Domaine marin de l'Isser

Par contre les faciès paraboliques et hyperboliques (facies de sédiment profond) s'intercalent suivant une ligne allant de l'échantillon A2 à l'Est jusqu'au niveau du canyon de Zemmouri (échantillon Z4 > fig.5.15)

Dans l'Oued Isser nous avons déterminé deux faciès : un faciès sublogarithmique et un faciès hyperbolique.

5.2.3.1. Domaine fluviatile (Oued Isser)

A. Faciès sublogarithmique.

La courbe granulométrique représentative en coordonnées semi-logarithmiques de l'échantillon du Pont de la Traille (OI1) est pratiquement assimilable à une droite, N étant négatif voisin de zéro d'où un faciès sublogarithmique caractérisant les sédiments fins plus ou moins vaseux; des cours inférieurs des Oueds. La traille étant un confluent, le faciès représentatif de l'échantillon prélevé à ce niveau apparaît comme le terme ultime de l'évolution de sédiments transportés par les courants et déposés par excès de charge lorsque la vitesse diminue. De même, l'échantillon situé à l'amont de l'embouchure de l'Oued Isser (O12) présente un faciès sublogarithmique qui correspond à une suspension dégradée au sens de Passega. Le dépôt s'est fait par excès de charge lorsque l'énergie diminue (Fig.5.16).

B. Faciès hyperbolique.

A l'embouchure, le faciès granulométrique est hyperbolique. La courbe cumulative semi-logarithmique correspondante présente la concavité vers le bas. Son évolution est régulière : témoignant d'un faciès caractéristique des dépôts vaseux de l'embouchure(Fig.5.16 echantillon. OI3).

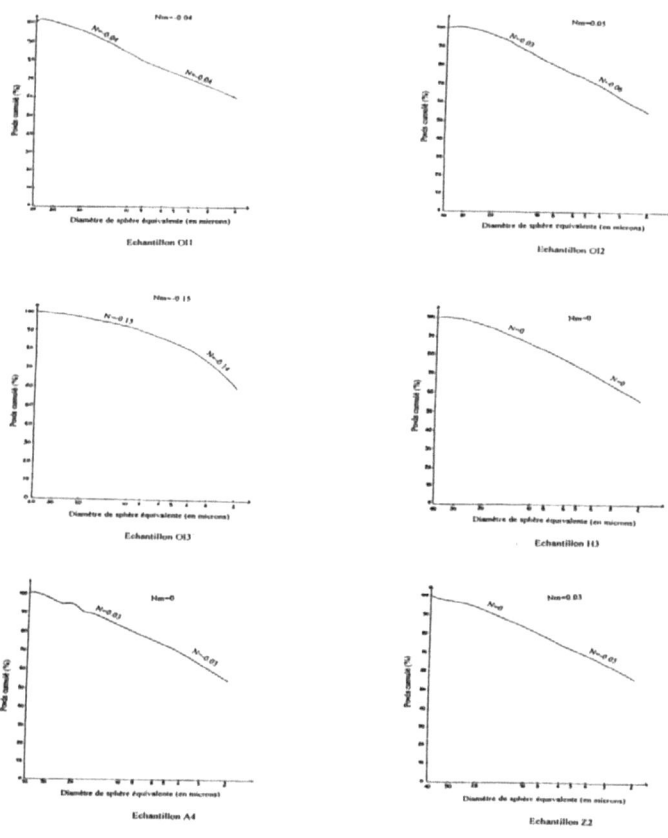

Fig.5.16 : courbes granulométriques et indice d'évolution n des sédiments fins de la zone orientale de la baie de Zemmouri.

5.2.3.2. Domaine marin,

A. Faciès logarithmique et sublogarithmique.

L'indice moyen d'évolution granulométrique est voisin ou égal à zéro et correspond à des courbes semi-logarithmiques rectilignes, sauf au voisinage immédiat de leur extrémité grossière.

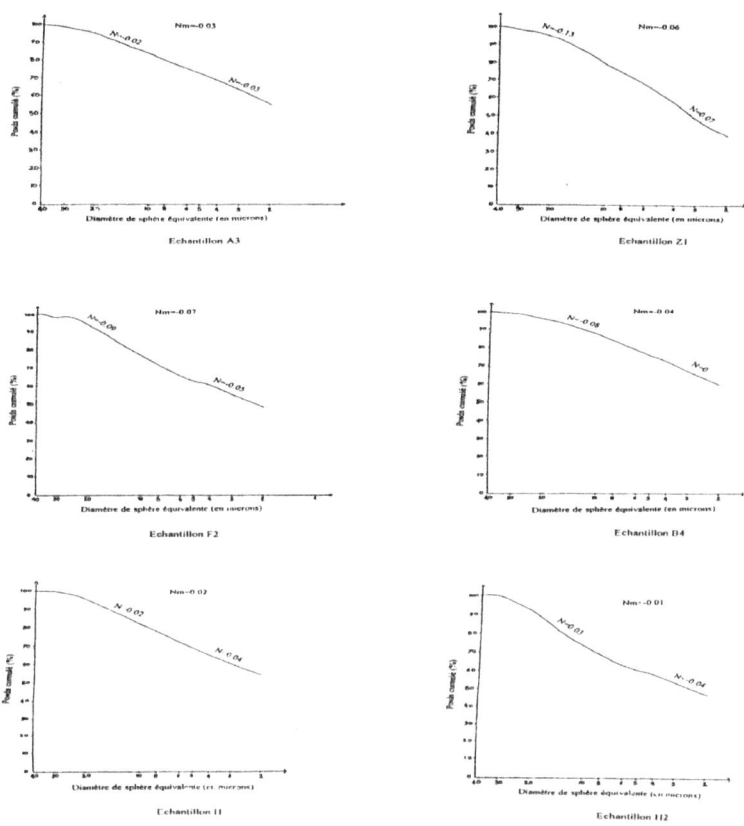

Fig5.17 : courbes granulométrique fines et indice d'évolution n (ouest)

Il caractérise ainsi un faciès logarithmique (n=0) (Fig. 5.16 Ech . H3 et A.4), et sublogarithmique d'indice d'évolution négatif ou positif voisin de zéro (Fig.5.16; Ech. A3 ,Z1 , F2,B4 ,I1 et H2), représentant le terme extrême d'une évolution liée à un mode défini de transport et de sédimentation (transport par courant et déposition par excès de charge lors des diminutions des vitesses) (RIVIERE, 1977).

Ce faciès caractérise des échantillons prélevés par profondeurs de -40m et -70m dans l'aire Ouest des faciès logarithmiques (Fig.5.17. Ech : Z1 ; F2 ; B2 et H1), ceux du talus continental prélevés par des profondeurs de -100 et - 200m (ech.H3), ainsi que ceux prélevés par des profondeurs de 400m (ech.A4).

B. Faciès hyperbolique.

L'indice moyen d'évolution granulométrique étant inférieur à zéro, le faciès granulométrique est alors hyperbolique et les courbes représentatives en coordonnées semi-logarithmiques montrent que la concavité est dirigée vers le bas, indiquant ainsi un dépôt par décantation en eaux calmes correspondant à des milieux limniques à suspension «uniformes», au sens de Passega, due à une élimination préférentielle des particules les moins fines abandonnées les premières au cours du transport.

Ces courbes (Fig.5.18 : ech.Z4, A2,et F1), présentent des valeurs de N décroissantes du côté de l'extrémité fine vers le côté de l'extrémité grossière, correspondant selon RIVIERE à un milieu d'extension réduite. Le dépôt final s'est produit plus rapidement que celui de la suspension uniforme initiale. Ce dépôt est le résultat de la floculation.

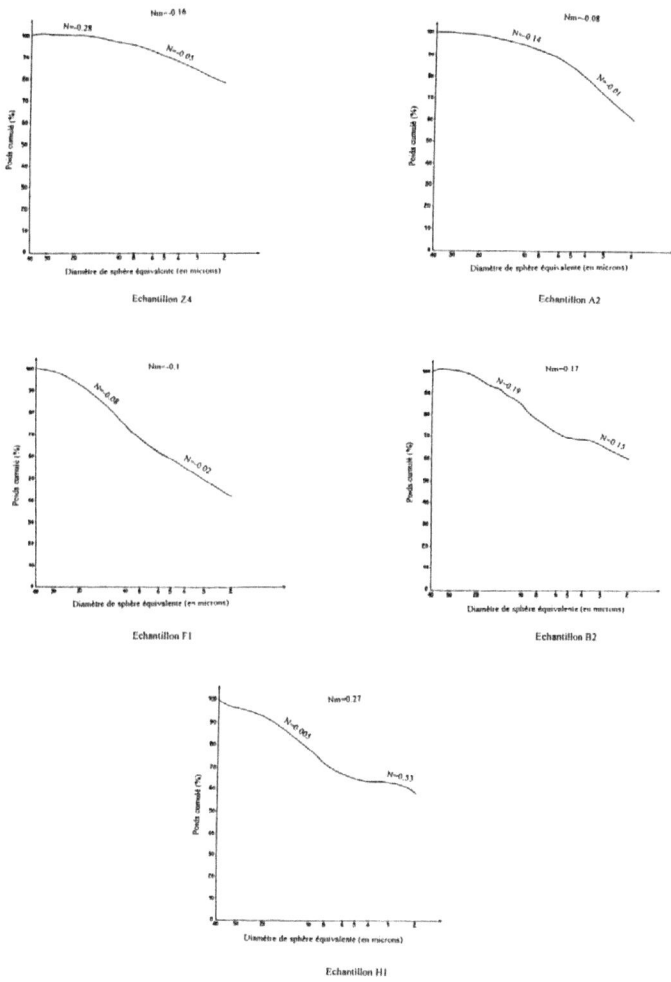

Fig.5.18 : Courbes granulométriques et indice d'évolution n des sédiments fins à l'embouchure de Oued Isser

C. Faciès parabolique.

L'indice d'évolution granulométrique étant supérieur à zéro, le faciès granulométrique est donc parabolique (Fig.5.17, B2 et H1). En fin de crue, les courants se chargent du dépôt par excès de charge du matériel sédimentaire, où les particules fines se trouvent piégées au milieu des éléments les plus grossiers (Rivière, 1977).

La courbe granulométrique de l'échantillon B2 est plurimodale, affectée d'ondulations qui, selon Rivière, pourraient s'expliquer par l'intervention d'apports latéraux trop rapprochés du point de prélèvement.

5.2.4. Répartition de la fraction inférieure à 2µm(minéraux argileux):

5.2.4.1. DOMAINE MARIN

Les argiles se répartissent sur le plateau continental (Fig.5.19) avec des pourcentages faibles à la côte. Par contre les plus forts envahissent le large. A l'ouest, vers Boumerdes, les teneurs à plus de 40% d'argiles se retrouvent à moins de 50 mètres de profondeur. Ceci s'explique par un degré d'envasement fort à cet endroit.

D'une manière générale, les argiles suivent sensiblement la même répartition que celle des lutites. Les fortes teneurs en argiles sont marquées par forts pourcentages en lutites.

Chamley (1968) et A. Monaco (1971) considèrent que les argiles marines sont essentiellement détritiques et que le milieu marin n'entraîne que peu de modifications.

Ainsi la répartition des minéraux argileux ne serait pas due à un processus physico-chimique, mais à des facteurs hydrodynamiques.

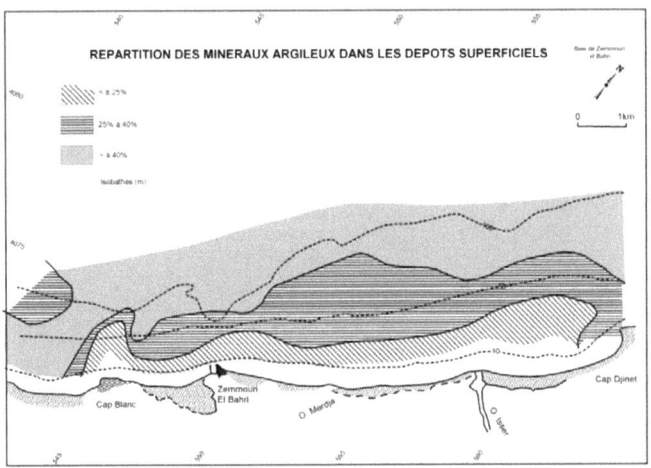

Fig.5.19 : Répartition des minéraux argileux dans les dépôts superficiels

Les minéraux argileux sont classiquement utilisés comme marqueurs hydrodynamiques (Aloïsi, 1986).

La fraction argileuse est constituée de minéraux argileux tels que, kaolinite, illite chlorite, organisés suivant un ordre de grandeur décroissant.

La répartition de ces minéraux sur le plateau continental Est-Algérois **(baie** de Zemmouri) est très significative, étant donné la présence de deux facteurs importants : les apports de l'oued Isser drainant des formations néogènes issues de son bassin versant et la proximité du massif volcanique du Cap-Djinet

5.2.4.1.1La kaolinite: (Fig.5.20)

Sur le plateau continental, de Zemmouri El Bahri jusqu'au cap Djinet, la sédimentation argileuse est dominée par la kaolinite.(Fig.5.20)

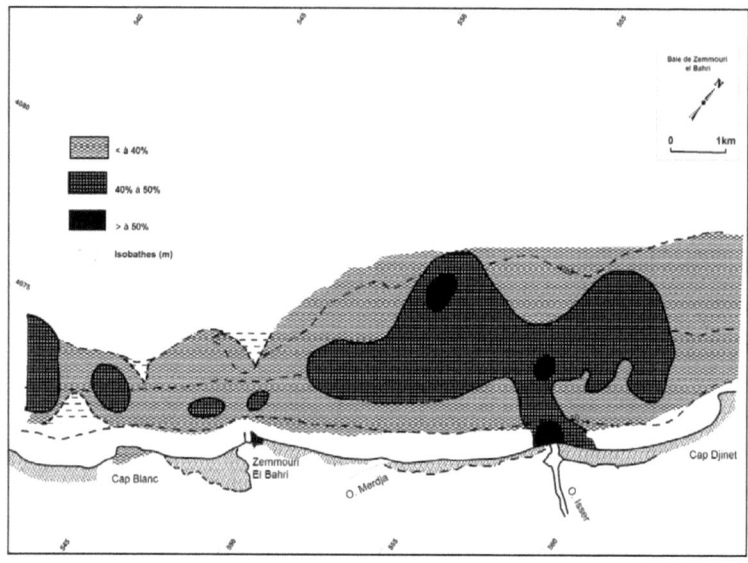

Fig.5.20 : Répartition de la kaolinite zone orientale

Ce minéral montre de fortes teneurs, à plus de 50%, dans l'axe médian de l'oued Isser et à proximité de son embouchure. Plus à l'Ouest, les concentrations en kaolinite de l'ordre de 40 à 50% sont disposées en noyaux en tête du canyon d'Alger et en position infralittorale à circalittorale en face du cap Blanc et de Boumerdes (H. Benslama, 2001).

L'analyse des suspensions de la crue de février 1982 a donné 36% de ce minéral pour l'Isser et 15% pour le Sébaou (H. Pauc, 1991).

5.2.4.1.2. L'illite:

Les fortes concentrations en illite se situent dans l'axe et de part et d'autre du canyon de Zemmouri.

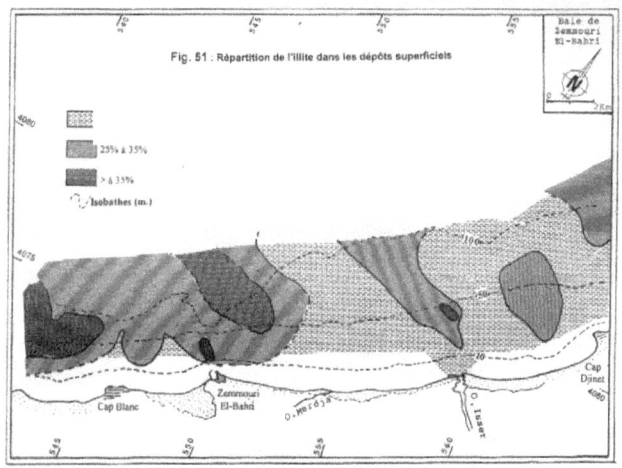

Fig.5.21 : Répartition de l'illite zone orientale

Il existe un antagonisme entre ce minéral et la kaolinite. Cette disposition souligne fortement la dynamique côtière locale (Ait-Kaci, Allenbach & Pauc, 1982) Néanmoins. on retrouve d'autres concentrations à l'Est et face à l'Isser(H. Benslama, op.cit.).

5.2.4.1.3 La Chlorite: (Fig.5.22) Selon Leclaire (1972) la chlorite se limiterait à La baie d'Alger. En fait elle est peu abondante dans la baie de Zemmouri El-Bahri. dépassant rarement 25%.

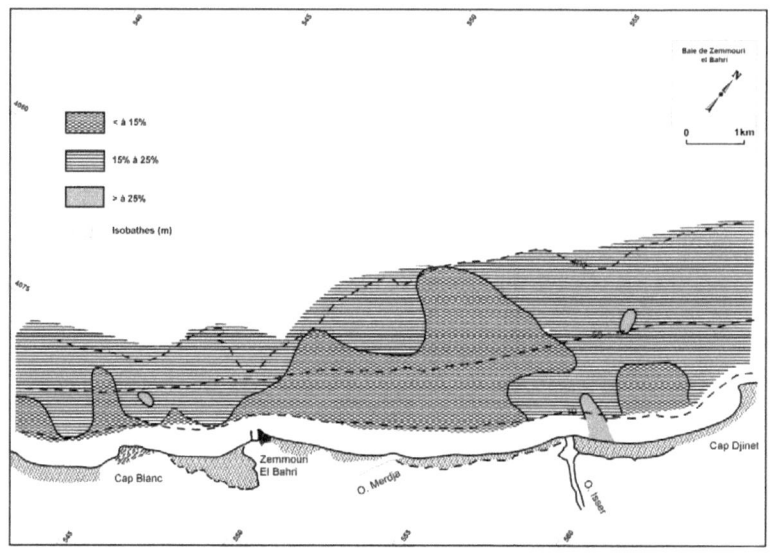

Fig.5.22 : répartition de la chlorite zone orientale

Les zones à fortes teneurs, supérieures à 25% sont très réduites et le seul dépôt notable se trouve à l'embouchure de l'oued Isser.

Sa mise en place résulterait des apports de l'oued Isser et se serait produite probablement par perte de charge. Le reste de la baie est occupé par des teneurs comprises entre (15% et 25%) à partir de l'isobathe 10 mètres, et au-delà des 100 mètres.

La proportion de chlorite enregistrée dans les suspensions lors de la crue de février 1982 est égale à 16% (Pauc, 1991).

5.2.4.2. DOMAINE FLUVIATILE (Distribution des argiles dans le bassin versant de l'Isser).

A. Kaolinite.

C' est le minéral argileux le plus fréquent dans les sols des pays tempérés (S.Caillere; S.Henin et M. Rautureau, 1982).Elle présente des teneurs peu variables dans l'oued Isser (48% en moyenne), c'est le minéral argileux dominant.

On constate ainsi qu'il y a une augmentation de la teneur de la Kaolinite au niveau de l'embouchure (Fig.5.23).

B. Illite.

Sa répartition dans le lit de l'Oued Isser (Fig.5.23) est homogène, 22% en moyenne, comme la kaolinite, l'illite est retrouvée également sous climat humide au cours de la décomposition des roches acides riches en feldspath (CAILLERE ; HENIN et RAUTUREAU, 1982).

C. Chlorite.

Moins fréquente que l'Illite et la Kaolinite, elle présente des teneurs de 13% (OU ()I2), ces teneurs diminuent sensiblement au niveau de l'embouchure marquant la valeur de 7,9% (OI) (Fig.5.23).

La Chlorite est un minéral typique du métamorphisme. Elle pourrait donc provenir de toutes les formations métamorphiques existantes dans le bassin de l'Isser, entre autres le massif schisto-cristallin de Krachna qui comprend des schistes à chlorite.

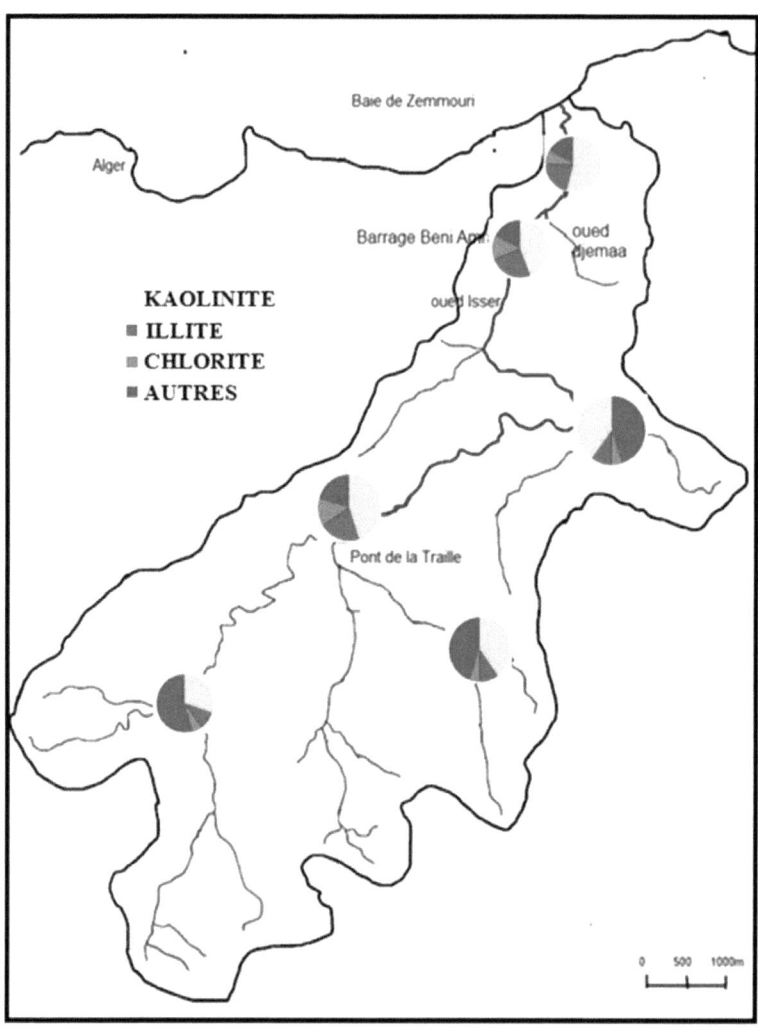

Fig.5.23 : Proportions des minéraux argileux dans l'oued Isser et ses affluents.

5.2.4.2.1• Minéraux argileux dans l'Oued Isser.

Les minéraux argileux présents dans le lit de l'oued sont, par l'ordre d'importance, , la Kaolinite, l'illite, et la Chlorite.

Sur le diffractogramme (Fig. 5.24), les argiles fluviátiles montrent la même allure, ceci traduit une distribution homogène des minéraux argileux.

L'enregistrement donne des pics de faibles intensités et de faibles largeurs, cela dénote un mauvais état de cristallinité.

La cristallinité médiocre des minéraux démontre une origine pédologique et le rôle primordial de l'érosion des sols dans l'alluvionnement fluviatile *(CHAMLEY, 1975)*.

Les pics de l'illlite (10,08A°-5,006A° et 4,48A°) sont plus distincts pour l'échantillon Ol 3 (fig.2.6), dans ce cas l'Illite a relativement une meilleure cristallinité, l'échantillon 013 étant situé dans la zone d'embouchure, le passage du milieu fluviatile (faible en ions) au milieu marin (riche en ions) est susceptible de provoquer de faibles transformations de l'Illite.

La Kaolinite (7,16A° et 3,58A°) apparaît plus nette pour l'échantillon OI3.

Les interstratifiés présentent un très mauvais état de cristallinité pour tous Les échantillons fluviátiles.

La Chlorite est identifiable grâce à de petits pics de diffraction (14,16A°-4,72A° et 4,48A°).

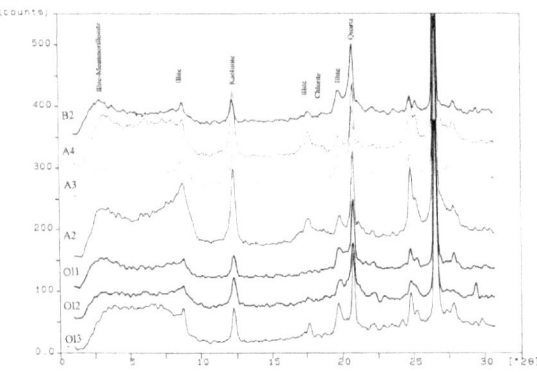

Fig.5.24 Diffractogramme des échantillons (OI1, OI2,OI3,A2,A3,A4,B2.)

5.3 Conclusion :

« L'héritage des minéraux depuis les terres émergées est le phénomène essentiel responsable de la sédimentation argileuse quaternaire ». Cela est démontré par l'analogie qui existe entre les minéraux libérés par les différents amphithéâtres continentaux, et ceux déposés dans les bassins de sédimentation qui en dépendent (Heezen et al., 1960 ; Nesteroff et Sabatier, 1961 ; Goldberg et al., 1963 ; Goldberg et Griffin, 1964 ; Millot, 1964; Biscaye, 1965).

L'ensemble des auteurs (Vernet, 1956 ; Blanc, 1958 ; Chamley, Millot &Paquet, 1964 Monaco, 1965 ; Connan, 1966) montre que l'illite est normalement prépondérante en Méditerranée Nord occidentale. Les travaux de Leclaire (1972) sur la marge algérienne font ressortir une province illitique plus importante à l'est. L'Ouest serait marqué par un domaine kaolinitique. Cependant les apports des fleuves peuvent perturber le schéma général par leur cortège argileux spécifique.

Dans le secteur oriental de la baie de Zemmouri,

Le matériel fluviatile fourni à la mer présente un fort taux en particules fines originaire du bassin versant de l'Oued Isser. Ce dernier étant riche en formations marneuses, marno-calcaires et schisteuses, il n'est donc pas étonnant de constater que les argiles sont abondantes dans la baie de Zemmouri, puisque Oued Isser est le principal vecteur d'apport véhiculant les sédiments détritiques du domaine continental vers le domaine marin.

La granulométrie de la fraction lutitique suit une évolution progressive depuis le Pont de la Traille jusqu'à l'embouchure. En effet l'indice d'évolution N décroît de plus en plus que l'on s'approche de cette dernière passant ainsi du faciès sublogarithmique au faciès hyperbolique .

L'Oued Isser présente un faible pourcentage sableux (9,89% en moyenne) d'où un faciès argilo-silteux. Les argiles sont constituées essentiellement de La kaolinite, en plus fortes teneurs (48,1% en moyenne) ,de l'illite (22,13%), d'interstratifiés et autres sédiments détritiques (18,33%) et de Chlorite (11,4 %).

La baie de Zemmouri présente, comme toute marge continentale, une diversité de faciès pouvant avoir des origines diverses continentales ou marines. La répartition granulométrique se fera donc selon des critères, non seulement bathymétriques, mais aussi hydrodynamiques et même climatologiques.

Plus de 70% des échantillons de la baie présentent des teneurs en argiles >à50% ; avec un stock silteux d'une teneur moyenne de 40%.

Notre étude met en évidence la dominance de la kaolinite dans le cortège argileux, les résultats confirment les travaux de Chamley (1975) et Leclaire (1970). Les pourcentages moyens des minéraux argileux sont les suivant ; Kaolinite 42,89%, l'illite 23,66%, la Chlorite 17,83% et les inerstratifiés15,61%.

L'échantillon Z4, prélevé au niveau du canyon de Zemmouri présente le plus fort taux en argile (78%de la fraction lutitique), un pourcentage nul en silts grossiers indiquant que le prélèvement s'est fait au niveau des berges du canyon constituées uniquement de sédiments vaseux donnant par conséquent un faciès hyperbolique de décantation.

L'existence d'un envasement précoce en face de l'Oued Isser pourrait être argumentée par les trois facteurs suivants :

• Pourcentages très élevés en lutites (entre75% et 90%) à des profondeurs faibles, répartis au voisinage de l'Oued Isser

• Forts taux en silts fins en face de l'Oued Isser (Fig.5.14), occupant une auréole à teneurs supérieures à30%.

• Faciès hyperbolique ne concernant qu'un seul échantillon (Fl) proche de l'embouchure et situé à -20m de profondeur de la côte Ouest.

Particulièrement pour la marge algérienne, les minéraux argileux permettent de mettre en évidence ou de confirmer le changement climatique survenu en Afrique du Nord autour de -7500 à —7000 ans PB passant de l'illite dominante à la kaolinite.(Pauc 1991).

Ch. 6 Modélisation de la dynamique côtière à l'avant côte du littoral occidental de la baie de Zemmouri

6.1 Introduction

Les modèles de simulation ont été construits à l'aide des codes de calcul Mike 21, avec une approche double. Les limites de la représentativité de l'outil d'analyse ont été examinées et traitées. La propagation des houles vers la côte a été effectuée à l'aide du module de calcul spectral vent-vague (**MIKE21-NSW**) qui prend en compte tous les processus de transformation qui surviennent lors de la propagation de la vague vers la côte. Le transfert des sédiments non-cohésifs (sable) le long de cette côte a été calculé au moyen de modèle (**MIKE21-ST**), qui calcule les taux de transport sous l'effet des courants seuls et sous l'action combinée des houles et des courants. Le flux énergétique long shore a été approché au moyen du code de calcul (**MIKE21-HD**) qui calcule la variation spatiale des niveaux et débits d'eau dus à des mécanismes de forçages, tels que les vents, les courants océaniques et le déferlement des vagues.

6.2 Description des codes de calcul utilisés pour la construction du modèle

Pour construire le modèle hydrodynamique de la côte Ouest algéroise nous avons utilisé différents codes de calcul du logicielMIKE21, fourni par l'Institut hydraulique Danois(DHI, 1993.Abbot et al.1979).

Le module hydrodynamique HD du modèle MIKE21résout les équations de mouvement non-stationnaires à deux dimensions de Saint-Venant. Le système de Saint-Venant est présenté par les équations suivantes.

Equation de conservation de la masse

$$\frac{\partial p}{\partial t}+\frac{\partial p}{\partial x}+\frac{\partial q}{\partial y}=0$$

L'équation de conservation du moment suivant X.

$$\frac{\partial p}{\partial t}+\frac{\partial}{\partial x}\left(\frac{p^2}{h}\right)+\frac{\partial}{\partial y}\left(\frac{pq}{h}\right)+gh\frac{\partial \varsigma}{\partial x}+\frac{gp\sqrt{p^2+g^2}}{C_2\bullet h_2}-\frac{1}{\rho_w}\left[\frac{\partial}{\partial x}(h\,\tau_{xx})+\frac{\partial}{\partial y}(h\,\tau_{xy})\right]-\Omega q-fVV_x+\frac{h}{\rho_w}\frac{\partial}{\partial x}(p_a)=0$$

L'équation de conservation du moment suivant y.

$$\frac{\partial q}{\partial t}+\frac{\partial}{\partial y}\left(\frac{q^2}{h}\right)+\frac{\partial}{\partial x}\left(\frac{pq}{h}\right)+gh\frac{\partial \varsigma}{\partial y}+\frac{gq\sqrt{p^2+q^2}}{C_2\bullet h_2}-\frac{1}{\rho_w}\left[\frac{\partial}{\partial y}(h\,\tau_{yy})+\frac{\partial}{\partial x}(h\,\tau_{xy})\right]-\Omega p-fVV_y+\frac{h}{\rho_w}\frac{\partial}{\partial y}(p_a)=0$$

Où :

$h(x, y, t)$: profondeur de l'eau;

$\zeta(x, y, t)$: cote de la surface libre;

$p, q(x, y, t)$: débit selon la direction x et y;

$C(x, y)$: Coefficient de rugosité de Chezy;

g: accélération de la pesenteur;

$f(V)$: Coefficient de frottement du vent;

$V, V_x, V_y(x, y, t)$: vitesse et directions du vent selon x et y;

$\Omega(x, y)$: paramètre de Coriolis;

$P_a(x, y, t)$: pression atmosphérique;

ρ_w: densité de l'eau;

x, y: coordonnées spatiales;

t: temps;

$\tau_{xx}, \tau_{xy}, \tau_{yy}$: composantes de cisaillement en tenant compte de la turbulance et profil vertical de la vitesse;

S_{xx}, S_{xy}, S_{yy}: composantes de la contrainte de radiation.

6.3 Simulation de la propagation de la houle à la côte

6.3.1 Construction de la grille bathymétrique du modèle

Données bathymétriques offshore ont été extraites des cartes nautiques, publiées par l'Institut National de Cartographie et de Télédétection INCT d'Alger.

Au large, les points de sondes et les isobathes sont été numérisés à partir de ces cartes et interpolés et intégrée aux données obtenues par lever bathymétrique au sondeur.

A la côte, les données bathymétriques sont obtenues directement à partir des levers bathymétriques effectués durant le mois de Juillet 2008. Environ 90.000points de sondes ont été relevés le long de radiales disposées selon une direction nord-sud et espacées de 200m.

La construction de la grille bathymétrique (carrée) du modèle numérique a été effectuée donc à partir des cartes marines numérisées et d'un lever bathymétrique.

Pour modéliser la houle à la côte nous avons utilisé un modèle bathymétrique avec une grille constante espacée de 5m selon l'axe des X et 5m selon l'axe des Y. Les spécifications de cette maille sont consignées dans le tableau qui suit.

Origine (UTM-31)		orientation de l'axe des Y	étendu		Maille
Abscisses	Ordonnées	(°N)	X (Km)	Y (Km)	Δx = Δy
521727.1	4075701.9	98	4.1	12.8	5m

Tab.6.1 Spécification modèle de maille bathymétrique

6.4 Les résultats

Les figures 6.2 et 6.3 suivantes montrent les résultats de la simulation de la propagation de la houle à la côte par des profondeurs allant de 50m à 0m.

Pour toute la zone du modèle située entre cap Matifou et Boudouaou El Bahri, les houles qui proviennent du large de direction N30° à N60°, leurs angles d'incidences à la côte varient peu. On note seulement une variation angulaire inférieure à 1° par rapport à l'angle d'incidence au large (Tabs 6.3 et 6.4). Les hauteurs significatives obtenues varient très peu indiquant aussi que ces houles sont peu réfractées. Cependant, les houles issues des secteurs ouest et nord ouest sont réfractées. Les orthogonales de la houle abordent la côte en subissant une rotation entre 3° et 10°.

Pour les quatre conditions de simulation, le principal effet remarqué est la réfraction autour des deux petites îles situées à l'est (Bounettah) et à l'ouest (Sandja-Aguelli) de la zone du modèle. La présence de ces îles a généré une zone d'abri vers la côte où les hauteurs des houles simulées s'atténuent rapidement pour atteindre la côte avec des valeurs inférieures à 0.4m.

Tab. 6.2. Résultats de la simulation de la propagation de la houle à l'aide du module MIKE21–NSW (zone occidentale de la Baie de Zemmouri Direction : N315°à N345°).

	Au Large				A la côte		
%	Hs (m)	Tp (s)	Tm (s)	Dir. (°N)	Hs (m)	Tm (s)	Dir (°N)
3.756	0.750	3.871	3.019	30.000	0.750	3.020	30.001
2.234	1.250	4.998	3.898	30.000	1.250	3.900	30.001
0.914	1.750	5.913	4.612	30.000	1.749	4.610	29.998
0.508	2.250	6.705	5.230	30.000	2.243	5.230	29.980
0.203	2.750	7.413	5.782	30.000	2.723	5.780	29.922
0.102	3.250	8.058	6.286	30.000	3.184	6.290	29.799
6.599	0.750	3.871	3.019	45.000	0.750	3.020	45.000
3.350	1.250	4.998	3.898	45.000	1.250	3.900	45.000
0.914	1.750	5.913	4.612	45.000	1.749	4.610	44.996
0.609	2.250	6.705	5.230	45.000	2.243	5.230	44.961
0.305	2.750	7.413	5.782	45.000	2.722	5.780	44.847
0.102	3.250	8.058	6.286	45.000	3.180	6.290	44.607
0.102	3.750	8.656	6.752	45.000	3.618	6.750	44.248
10.254	0.750	3.871	3.019	60.000	0.750	3.020	60.000
4.162	1.250	4.998	3.898	60.000	1.250	3.900	60.000
1.117	1.750	5.913	4.612	60.000	1.749	4.610	59.992
0.305	2.250	6.705	5.230	60.000	2.242	5.230	59.927
0.102	2.750	7.413	5.782	60.000	2.717	5.780	59.719
0.102	3.250	8.058	6.286	60.000	3.167	6.290	59.290

Tab.6.3. Résultats de la simulation de la propagation de la houle à l'aide du module MIKE21–NSW (zone occidentale de la Baie de Zemmouri Direction : N315°à N345°).

%	Offshore				Onshore - point E		
	Hs (m)	Tp (s)	Tm (s)	Dir. (°N)	Hs (m)	Tm (s)	Dir (°N)
0.914	0.750	3.871	3.019	315.000	0.744	3.020	315.437
0.508	1.250	4.998	3.898	315.000	1.238	3.900	315.557
0.203	1.750	5.913	4.612	315.000	1.728	4.610	315.711
0.203	2.250	6.705	5.230	315.000	2.206	5.230	316.015
0.102	2.750	7.413	5.782	315.000	2.657	5.780	316.568
0.914	0.750	3.871	3.019	330.000	0.750	3.020	329.947
0.508	1.250	4.998	3.898	330.000	1.251	3.900	329.928
0.305	1.750	5.913	4.612	330.000	1.750	4.610	329.939
0.203	2.250	6.705	5.230	330.000	2.242	5.230	330.017
0.102	2.750	7.413	5.782	330.000	2.716	5.780	330.241
1.218	0.750	3.871	3.019	345.000	0.750	3.020	344.969
0.609	1.250	4.998	3.898	345.000	1.250	3.900	344.961
0.406	1.750	5.913	4.612	345.000	1.749	4.610	344.965
0.305	2.250	6.705	5.230	345.000	2.243	5.230	345.004
0.102	2.750	7.413	5.782	345.000	2.721	5.780	345.116

Tab.6.4. Résultats de la simulation de la propagation de la houle à l'aide du module MIKE21–NSW (Zone occidentale de la Baie de Zemmouri Direction : N00° à N15°).

%	Au Large				A la côte		
	Hs (m)	Tp (s)	Tm (s)	Dir. (°N)	Hs (m)	Tm (s)	Dir (°N)
1.117	0.750	3.871	3.019	0.000	0.750	3.020	359.979
0.711	1.250	4.998	3.898	0.000	1.250	3.900	359.975
0.508	1.750	5.913	4.612	0.000	1.749	4.610	359.979
0.203	2.250	6.705	5.230	0.000	2.243	5.230	359.998
0.102	2.750	7.413	5.782	0.000	2.722	5.780	0.044
0.102	3.250	8.058	6.286	0.000	3.183	6.290	0.130
0.102	3.750	8.656	6.752	0.000	3.628	6.750	0.256
2.741	0.750	3.871	3.019	15.000	0.749	3.020	14.985
1.624	1.250	4.998	3.898	15.000	1.250	3.900	14.983
0.914	1.750	5.913	4.612	15.000	1.749	4.610	14.984
0.609	2.250	6.705	5.230	15.000	2.242	5.230	14.985
0.305	2.750	7.413	5.782	15.000	2.722	5.780	14.981
0.102	3.250	8.058	6.286	15.000	3.184	6.290	14.965
0.102	3.750	8.656	6.752	15.000	3.629	6.750	14.938

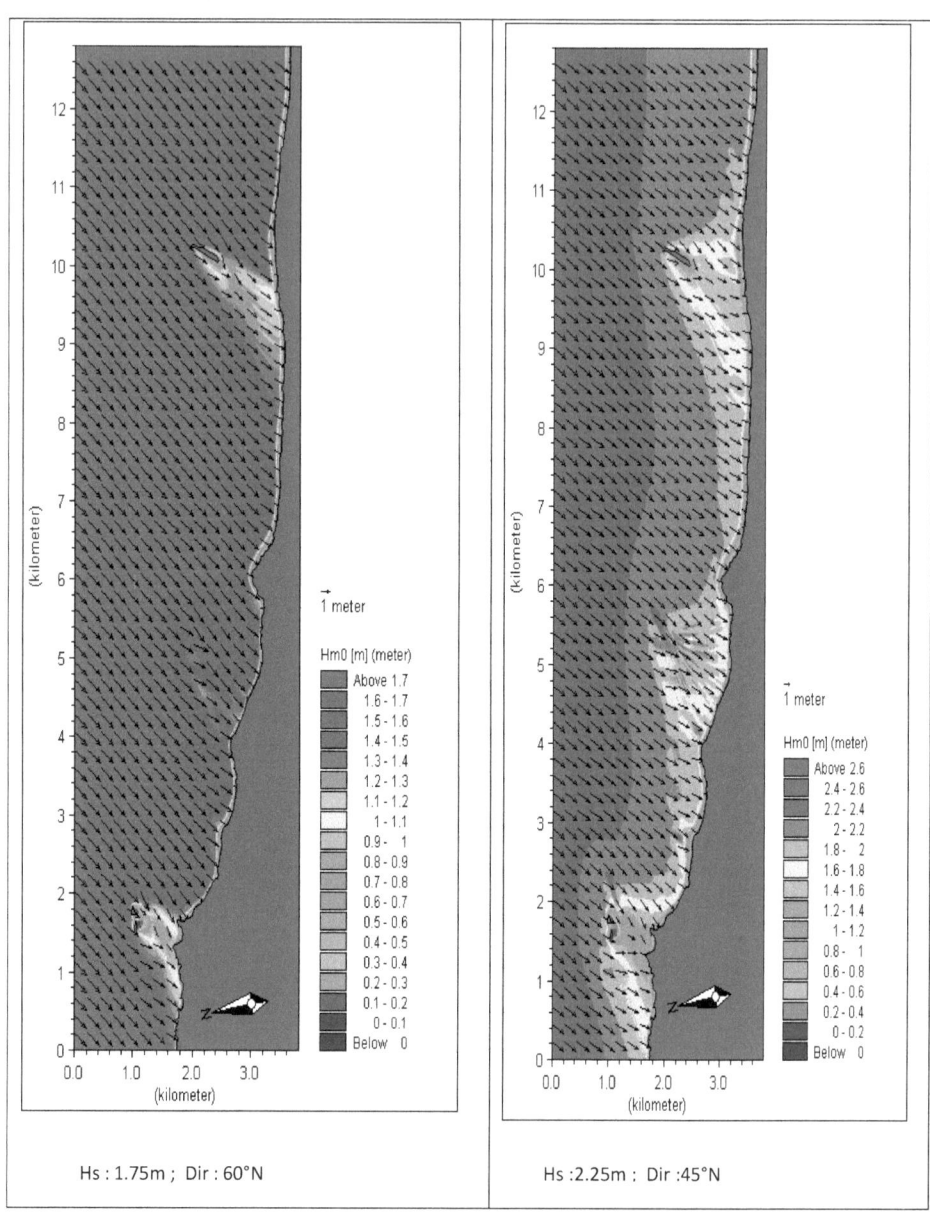

Fig.6.1. Epures de propagation de la houle à la côte dans la zone occidentale de la Baie de Zemmouri El Bahri.

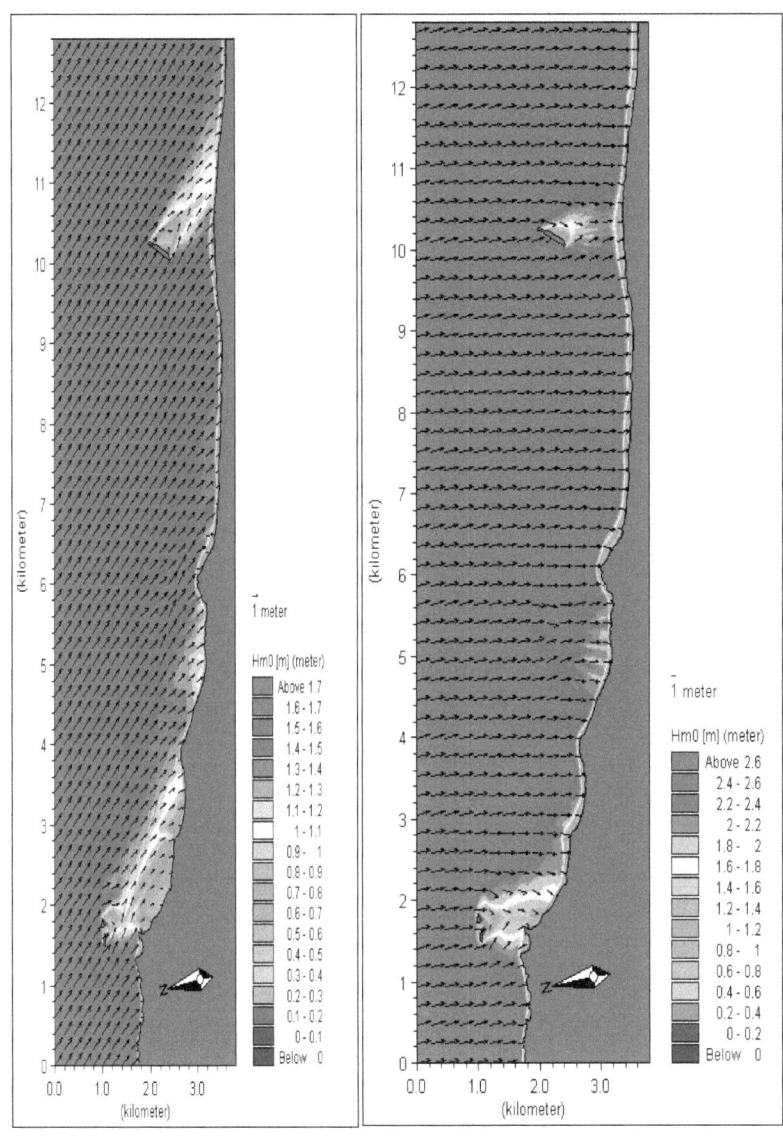

Hs : 3.18 ;Dir :315 °N   Hs : 1.75 ;Dir : 00°N

Fig.6.2. Epures de propagation de la houle à la côte dans la zone occidentale de la Baie de Zemmouri El Bahri.

6.4.1 Les courants induits par la houle

Le calcul des courants longshore induits par les houles et des transferts sédimentaires résultants a été réalisé à partir de la sélection d'un certain nombre d'événements de vagues qui contribuent efficacement au transport sédimentaire côtier.

C'est une méthode énergétique basée sur la relation du flux énergétique longshore. Cette méthode se résume comme suit:

1. Les houles à la côte sont triées selon leur angle d'approche, afin de regrouper l'ensemble des directions de houles dominantes;
2. Le calcul de la composante du flux énergétique côtier, Pls, pour chaque événement de houles, se fait comme suit:

$$P_{ls} \propto H^2 T \sin\left(2\,(Dir_i - Dir_N)\right) freq$$

Où :

H: Hauteur significative de la houle au large en mètre

T: Période de la houle en secondes

Dir_i: Direction de la houle incidente au large

Dir_N: Direction normale de la houle incidente à la côte

$freq$: fréquence de la houle occurente

3. Le calcul de moment de premier ordre de la relation entre le flux d'énergie et la hauteur significative des vagues $(P_{ls}\,;\,H_s)$.
Ceci peut être considéré comme la hauteur représentative des vagues (H_{rep}), calculée comme suit:

$$H_{rep} = \frac{\int H\,P_{ls}\,dH}{\int P_{ls}\,dH} \cong \frac{\Delta H \sum H_i\,P_{lsi}}{\Delta H \sum P_{lsi}} = \frac{\sum H_i\,P_{lsi}}{\sum P_{lsi}}$$

4. sélection, à partir des événements de houles, de la hauteur des vagues proche de la Hrep calculée;

5. calcul de la fréquence équivalente occurrente qui donne à la vague choisie le même Pls représentant l'ensemble du groupe

$$f_{rep} = \frac{\sum P_{lsi}}{H_{rep}^2\,T_{rep}\,Sin(2\,(Dir_{rep} - Dir_N))}$$

Une série d'événements d'onde ont été choisies, chacune avec sa fréquence d'occurrence qui peut reproduire le climat annuel des houles et le transit littoral annuel.

6.4.2 Les courants de houles

Le long de la côte Est algéroise, les résultats du modèle montrent clairement que le flux d'énergie longshore provient du secteur Ouest et s'oriente vers l'Est (Fig.6.2, 6.3).

Les vagues venant du secteur Est génèrent un courant de dérive littorale parallèle à la côte et orienté d'Est en Ouest.

Les vitesses sont plus élevées dans la zone Est de l'embouchure de l'oued Réghaia. Ces vitesses diminuent en allant vers l'ouest à cause de l'effet d'abri de l'île, Hadjrat Bounattah, et du léger changement dans l'orientation de la côte.

Plus à l'Ouest, le long de la plage, Deca Plage, les vitesses du courant longshore augmentent de nouveau puis elles diminuent progressivement en allant vers la localité d'Ain Chorb où note un changement de la direction de la côte et la présence de hauts fonds à l'avant côte. L'effet de ces hauts fonds engendre localement un courant dans la direction opposée.

Avec des vagues venant de l'autre côté, ici en cours a des vitesses plus élevées, ce qui aura un effet visible sur le transport des sédiments et de l'évolution côtière.

Les houles issues du secteur ouest donnent naissance prés de la côte à un courant de dérive dirigé vers l'Est. Loin au large, ce courant prend une direction nettement opposée mais avec des vitesses nettement faibles.

Les vagues issues du secteur sont plus élevées et génèrent un modèle de courant plus complexe à cause de la présence des hauts fonds autour desquels les flux de courant donnent naissance à des mouvements tourbillonnaires dans le sens des aiguilles d'une montre.

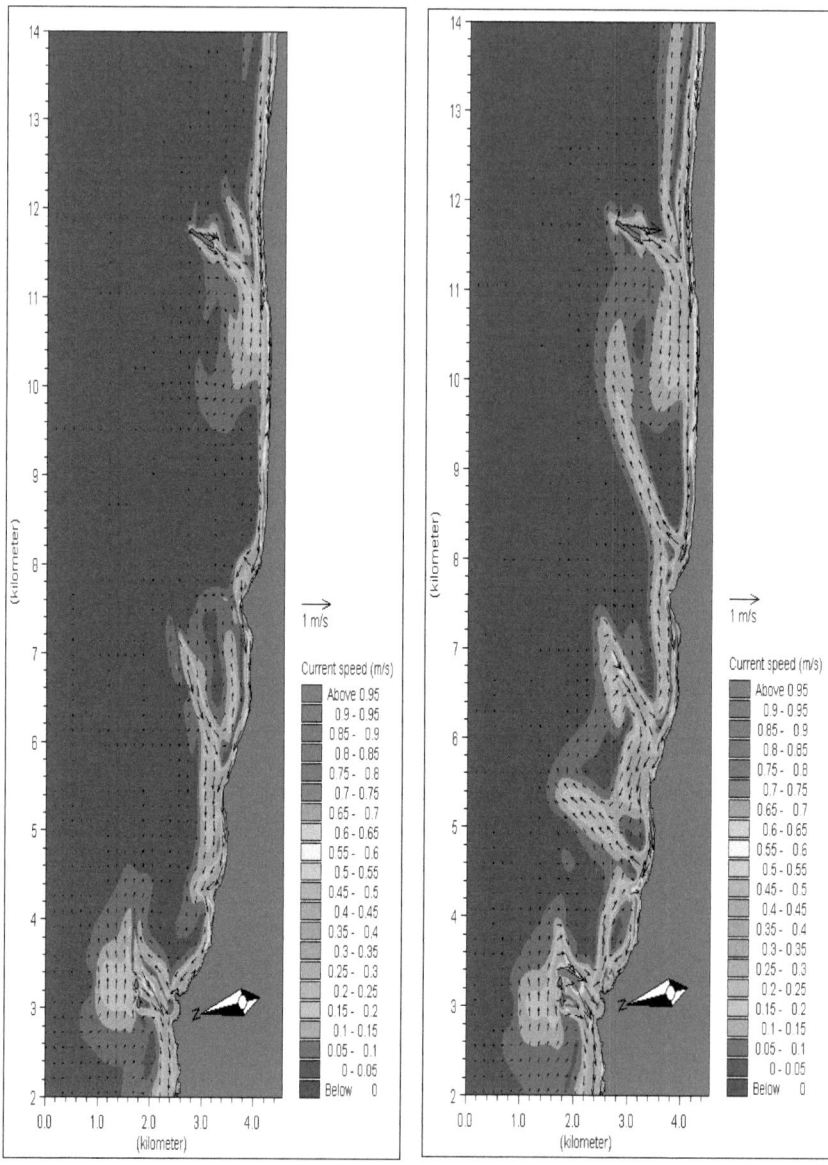

Hs : 1.75m ; Dir : 60°N   Hs : 2.24m ; Dir : 45°N

Fig.6.3. Modèle de courants côtiers engendrés par la houle

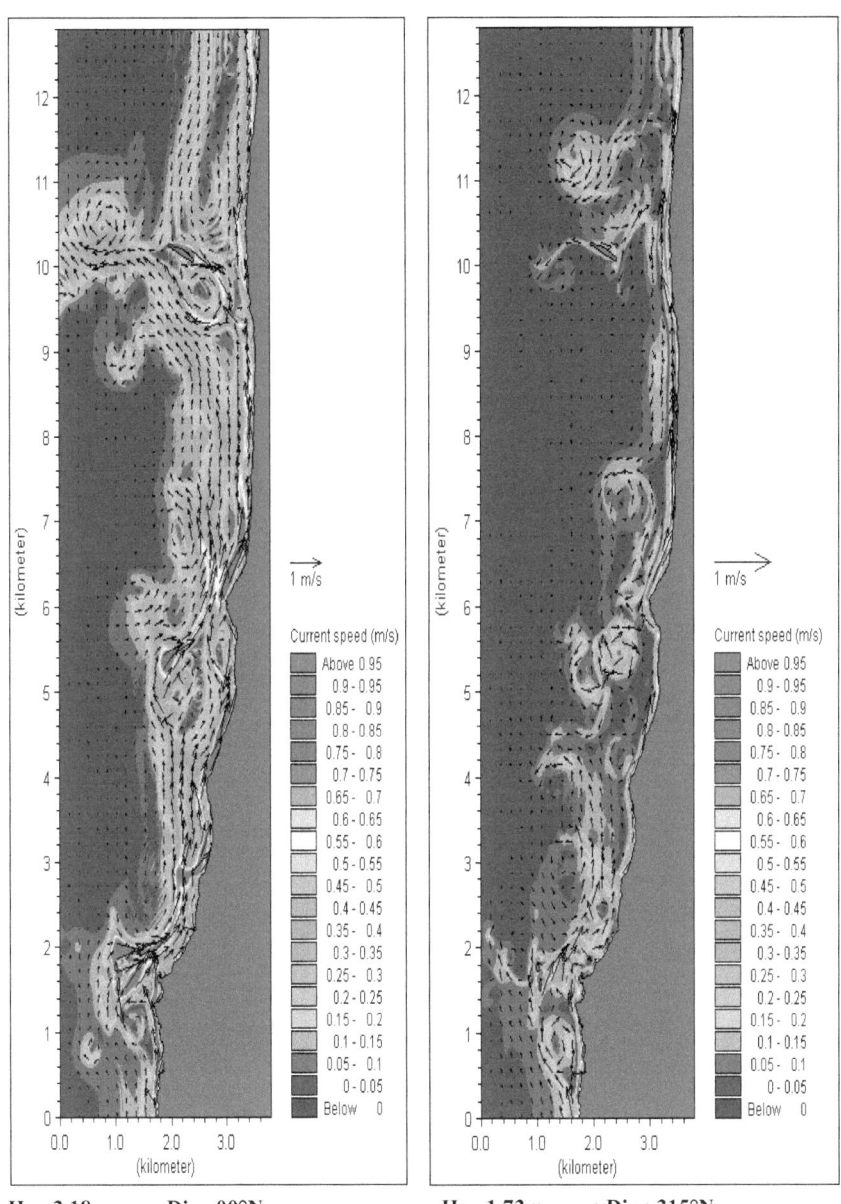

| Hs : 3.18m ; Dir : 00°N | Hs : 1.73m ; Dir : 315°N |

Fig.6.4. Modèle de courants côtiers engendrés par la houle

Si l'on compare les modèles de courants côtiers engendrés par les houles avec une image réelle (mais instantanée) et pour une direction N°45 nous relevons quelques analogies (fig.6.5) surtout au niveau de l'ilot « Bounettah » où nous observons les mêmes changements de direction des orthogonales en contournant l'ilot. Certaines directions partent directement vers la côte alors que d'autres longent carrément parallèlement cette même côte.

On notera toutefois quelques petites erreurs pouvant être dues aux valeurs erronées introduites au logiciel comme celles où les orthogonales longent d'ouest en est la côte alors que la direction de mouvement des houles est N45° (houles du NE).

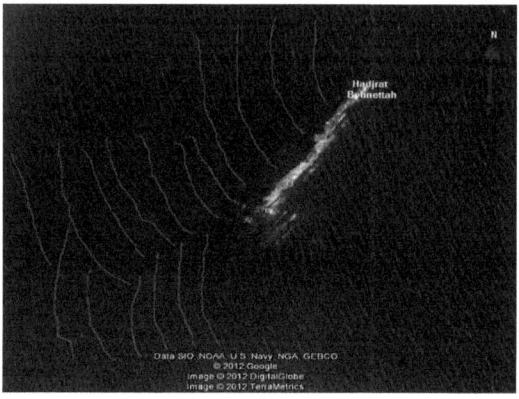

Fig. 6.5 houle réelle : lignes de crête

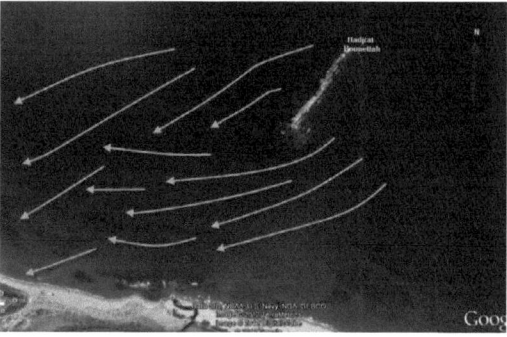

Fig.6.6 houle réelle : orthogonales

6.4.3 Les transports sédimentaires

Les transferts sédimentaires côtiers ont été approchés à l'aide du module de calcul MIKE21-ST. Ce module est basé sur la formule de Bijker, il calcule le transport sédimentaire total, pour des sédiments non cohésifs (sable), dû à l'action combinée de houles et de courants et aux courants seuls.

Les résultats de la simulation des vagues retenues ont été intégrés en fonction de leurs fréquences d'occurrence annuelle, afin d'avoir le flux énergétique total annuellongshore.

Le long de la côte occidentale de la baie de Zemmouri, les résultats du modèle montrent que le transport annuel significatif des sédiments est dirigé vers l'ouest avec un maximum de transport localisé à 300m de la côte (Fig.6.7).

Le transport littoral maximal est enregistré à l'avant plage de la zone située à l'Est de l'île Hadjrat Bounattah entre l'embouchure de l'oued Réghaia à l'ouest et Boudouaou El Bahri à l'Est. De l'embouchure de l'oued Réghaia jusqu'à Ain Chorb à l'ouest, le transit littoral dominant est dirigé vers l'Est cependant, au large de cette zone, ce même transit littoral est orienté de nouveau vers l'Ouest (Fig.6.8).

Devant la plage d'Aïn-Chorb, la dynamique côtière est nettement inversée, probablement à cause de l'effet des hauts fonds. En effet, le transit littoral dominant est prend une direction Ouest-Est. A l'Est de Ain Chorb le transit littoral est orienté carrément vers le large loin de la côte.

Au tour de la localité de Ain El Beida, le transit littoral dominant s'oriente de nouveau vers l'ouest cependant, la dynamique côtière devient plus complexe autour de l'îlot Bounattah (Fig.6.8).

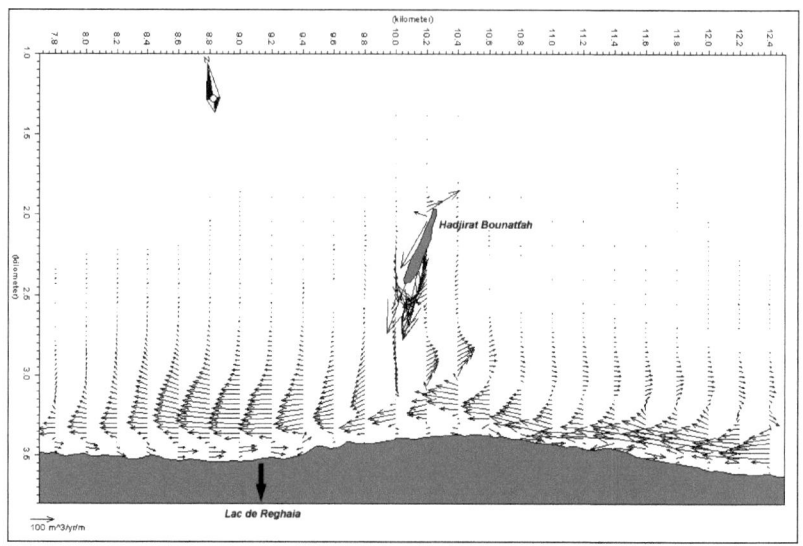

Fig.6.7. Directions du transit littoral entre Ain Chorb et Boudouaou el Bahri

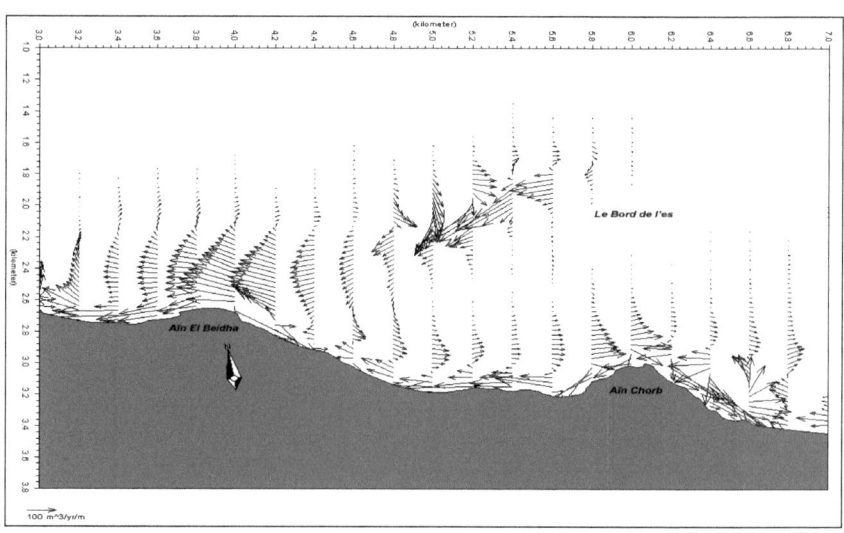

Fig.6.8. Directions du transit littoral entre Ain Taya et Ain Chorb.

Les profils de transport sédimentaires obtenus à l'Est de Hadjrat Bounathah et Boudouaou El Bahri (Fig.6.7) montrent une diminution du transit littoral d'Est en Ouest engendrant une situation d'engraissement des plages de cette zone.

A l'ouest l'île Bounattah, bien au contraire, le transit littoral dominant augmente jusqu'à l'ouest de la plage El Kadous (Fig.6.7 ; Fig.6.9) où il commence de nouveau à diminuer rapidement.

Cela signifie que les plages de Réghaia et d'El Kadous affichent une tendance à l'érosion qui tend à diminuer rapidement. Cette tendance érosive s'inverse rapidement vers l'accrétion du côté ouest de la plage d'El Kadous et Déca plage (Fig.6.9.).

Fig.6.9 Directions du transit littoral entre le lac de Réghaia et Deca plage

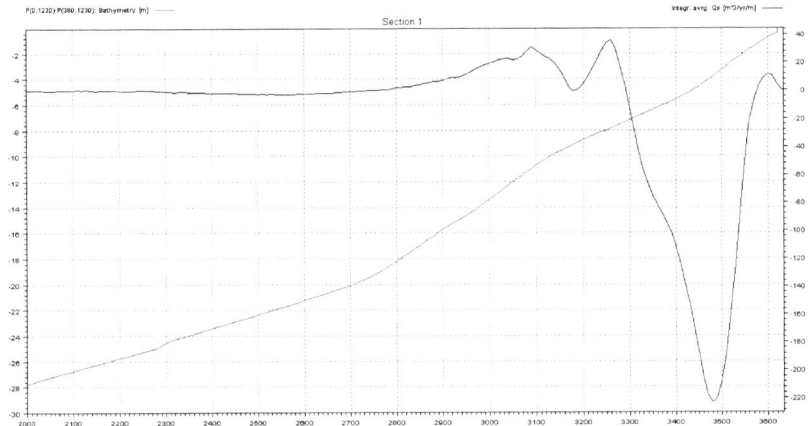

Fig.6.10 Débit solide moyen déplacé à l'Est de la plage de Réghaia.

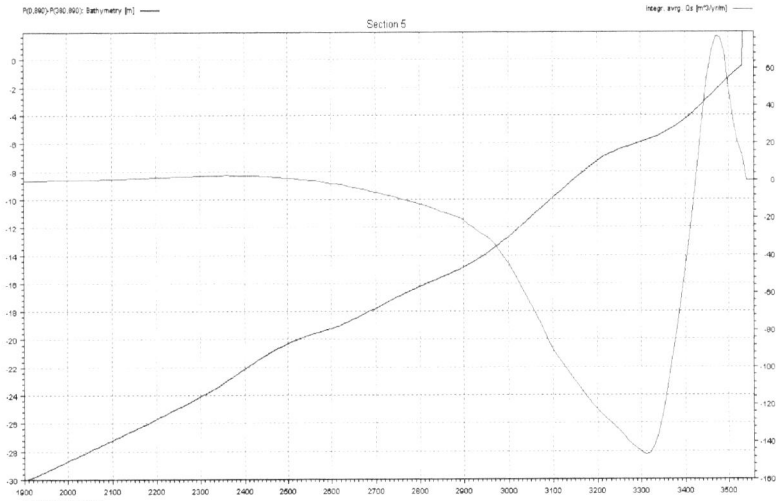

Fig.6.11 Débit solide moyen déplacé à l'Ouest de la plage d'El Kadous.

Exemple d'application de protection d'une côte.
Chapitre 7 Impact des épis de protection sur l'évolution d'une plage :
Cas du « front de mer » de BOUMERDES (ALGERIE)

Impact of groins protection on the evolution of a beach: "seafront" of BOUMERDES (ALGERIA)

Mohamed BOUHMADOUCHE

Laboratoire de Géo environnement, Faculté des Sciences de la Terre, Géographie et Aménagement du Territoire Université Houari Boumediene, BP 32 EL-ALIA ALGER
mbouhamadouche@gmail.com

RESUME

Le « front de mer « de Boumerdes a vu un aménagement en 2005 qui a consisté en la construction d'ouest en est de deux épis perpendiculaires à la cote et d'un épi en forme de 'T' plus a l'Est. Ces épis, d'une longueur de 50m sont construits en béton au milieu de l'édifice et sont protégés par des enrochements de blocs de roches métamorphiques. Le but de cette approche est de faire une étude sédimentologique complète c'est-à-dire de déterminer les différentes sources d'apports en sédiments , de suivre leur distribution au niveau de la plage et enfin de connaitre les zones de piégeage des particules le long de toute l'entité géomorphologique littorale située entre Oued Boumerdes et Oued Corso avant et après la construction de ces édifices et la détermination des zones d'engraissement et zone zones de démaigrissement (érosion) le long de cette plage qui est suivie depuis 1986.
Cette étude permettra de dresser un constat quant au fonctionnement des ces épis et de faire une éventuelle correction dans certaines zones à gros risque d'érosion.
Mots clés : Boumerdes, sédimentologie, épis, érosion, protection, littoral

ABSTRACT

The "Sea front" of Boumerdes has seen a development in 2005 which consisted of the construction from west to east by two groynes perpendicular to the coast and another one in 'T' form further east. These groynes, with a length of 50m and 70m are constructed of concrete to center of the building and are protected by rockfill blocks of metamorphic rocks. The aim of this approach is to study complete sedimentological that is to say, to determine the different sources of sediment inputs, to find their distribution at the beach and finally to know the areas to trap particles along the entire coastal geomorphologic entity between Oued Boumerdes and Corso before and after the construction of these groynes and the determination Feeder zones and emaciation zones (erosion) along the beach which is followed since 1986. This study will provide a determination as to the operation of these groynes and make one possible correction in some areas with high risk of erosion.

Key words: Boumerdes, sedimentology, groynes, , erosion, coastal protection

Introduction

Le littoral de Boumerdes est en général caractérisé par par un aspect assez varié : d'une part, une côte sableuse avec des falaises actives ou intermediaires sableuses également donc facilement « érodables », mais aussi par des côtes franchement rocheuses .

Cette région est suivie depuis les années 1980 pour son instabilité sédimentaire côtière et a fait l'objet de plusieurs études dans ce contexte (M.Bouhmadouche, 1988).

Notre étude intervient dans la zone de Boumerdes-ville (fig.1), particulièrement au « front de mer ».

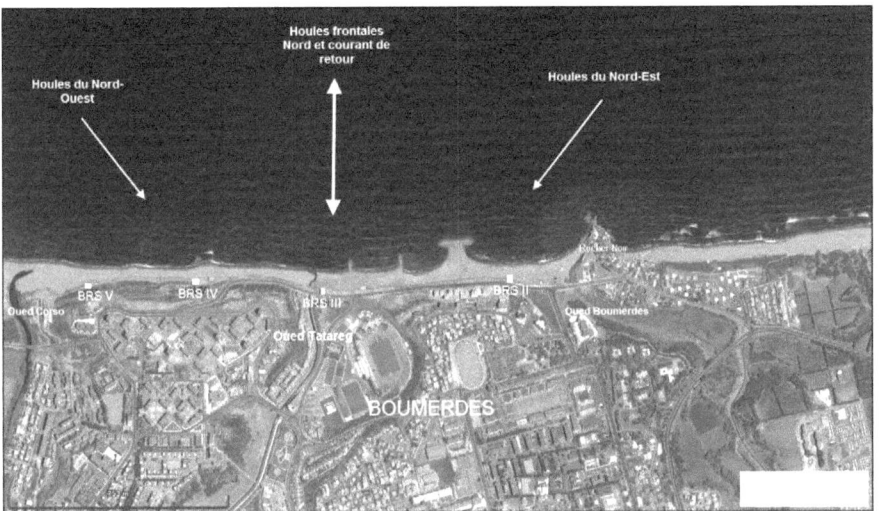

Figure1 : Zone d'étude et direction des houles

Afin de mieux décrire cette zone nous l'avons subdivisée en 2 entités géomorphologiques et géologiques coupées par 3 oueds :

la 1ere partie s'éténdant d'est en ouest de oued Boumerdes à oued Tatareg est constituée d'une plage sableuse s'étalant sur une distance de 1125 metres, plus large au niveau des embouchures (70m) qu'au centre mais qui estdevenue tres « stable » depuis la construction des épis protecteurs.

La 2eme zone située entre oued Tatareg et oued Corso s'étale sur une longueur de 1175 metres . La plage est réduite dans sa partie centrale qui est surplombée par la falaise sableuse de Boumerdes. Et c'est dans cette zone que porte l'objet de cette étude.

En effet , cette zone subit un peu les conséquences de la construction des épis de la partie est et qui devrait quant à elle necessiter d'un aménagement pareil.

Contexte météo-océanologique

En 1988, après une étude sédimentologique et une étude météo-océanologique complète nous avons pu déterminer les facteurs agissant sur cette érosion et quantifier le déficit en sédiment de cette zone.

Le site d'étude est confronté principalement à 2 types importants de houles (fig.2):

1- Les houles de dérive littorale du Nord ouest (hivernales) et celles du Nord-Est (estivales) abordent la côte obliquement en créant un courant de dérive littorale assurant le transit de sédiments parallèlement à la côte ; d'où la nécessité d'évaluer ce transit ainsi que sa direction.

2- Les houles du Nord abordant la côte frontalement (donc pas d'obliquité); engendrent des courants de retour assurant la dissémination des sédiments de la côte vers le large.

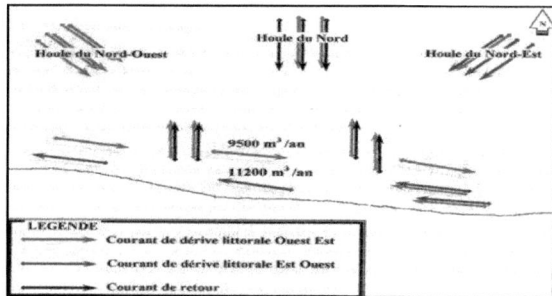

Figure 2 : quantification des transits sédimentaires

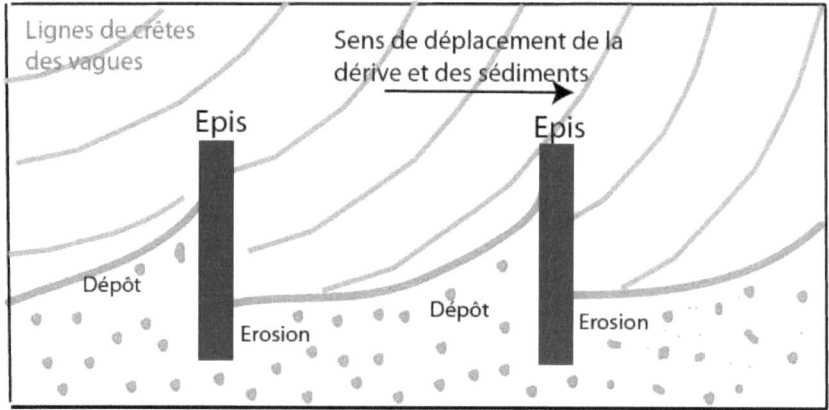

La dynamique sédimentaire régie par les conditions hydrodynamiques locales a montré que le transit sédimentaire résultant des 2 directions montre une tendance des sédiments déplacés d'Ouest en Est. Ces sédiments avaient pour origine 2 sources :

- Les sédiments provenant des apports des 3 oueds,
- Les sédiments issus directement du démantèlement des falaises côtières ;

Ceci est donc dû aux houles du Nord frontales qui sont nettement les plus érosives puisqu'elles créent un courant de retour qui en agressant les falaises littorales sape les pieds de ces dernières et provoque ainsi des effondrements par pans entiers ; il ne subsiste de cette partie sableuse que les niveaux lumachelliques plus solides (grés consolidés à lumachelles) qui avec l'usure des vagues à l'estran deviendront les galets de plages (fig.3).

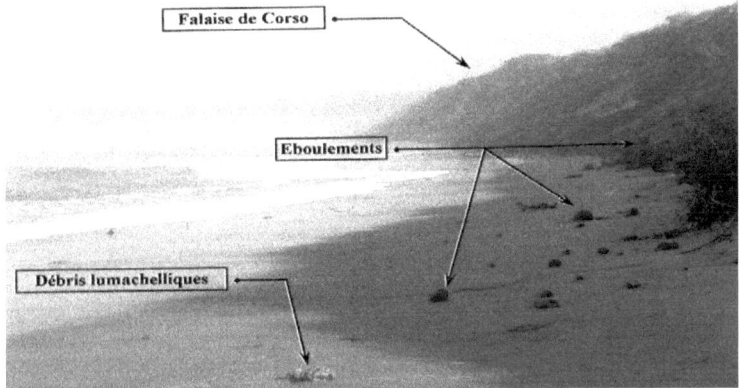

Figure 3 : destruction des falaises côtières du Corso (Boumerdes) par les vagues

On notera que la quasi-totalité des grains de sables de plage de Boumerdes ont des modes sédimentaires ne dépassant guère les tailles de 250 microns ce qui explique leur grande mobilité à des énergies hydrodynamiques relativement faibles.

Il arrive que -pendant certaines périodes de tempête – les « bouts » de plages encaissés entre le trait de côte et les falaises soient totalement inondés

Evolution des profils de plage

La première remarque qu'on puisse faire d'après les mesures c'est que d'est en ouest les largeurs de plages diminuaient de la station BRS II à la station BRS V.

De 1972 à 2003 on assiste à une régression plus ou moins sensible des largeurs de plage pour tous les profils. Ceci en concordance avec toutes les plages algériennes conséquence de la « fermeture » des oueds côtiers algériens par les barrages et donc un appauvrissement considérable des apports sédimentaires fluviatiles qui sont les premières sources d'apports à nos plages (fig.4.)

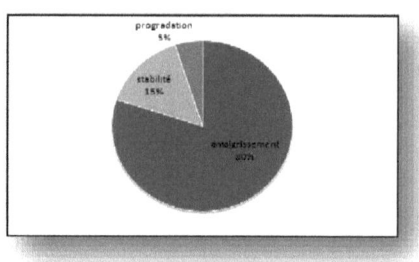

Figure 4: Etat général des plages en Algérie

A partir de 2003 jusqu'à 2010 les profils ouest sont toujours en nette régression (BRS IV et V) alors que les profils est (BRS II et III) semblent plutôt augmenter en largeur comme le montre le tableau suivant :

Tableau1 : Variations du trait de côte au niveau des différentes stations

Année-Station	BRS V	BRS IV	BRS III	BRS II
1972	73m	42m	63m	63m
1984	55m	22m	66m	40m
2003	25m	30m	60m	40m
moyenne	-48m	-12m	-3m	-23m
2010	20m	20m	70m	60m

Evolution de la plage au niveau des épis

Au sein même des 2 épis on a constaté lors des levés (en 2003) des largeurs des profils de part et d'autres de chaque épi que la largeur du côté Est de l'épi (50 à 60m)est plus importante par rapport au côté ouest (40 à 50m) (fig. 5), ce qui peut être expliqué comme étant le début d'un engraissement et une augmentation des largeurs de plage ce qui dénote que les épis ont joué dans un sens positif . Le côté le plus visible se situe du côté de l'épi en « T » où l'on note des largeurs de profil de 70 m et de l'ordre de 40 m en travers (fig.1), donc des superficies carrément gagnées sur la mer et l'effet escompté a été plus ou moins obtenu mais uniquement dans cette partie.

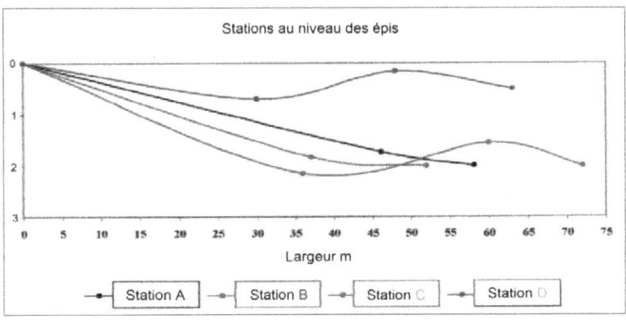

Fig.5 : largeur des profils épis droits 2003.

Par contre au niveau de la 2eme entité géomorphologique entre oued Tatareg et Oued Corso (fig.6) on assiste à une érosion très sensible de la largeur de plage pour les stations BRS IV et V (tab.1) où la plage ne dépasse guère les 18-20 mètres depuis la construction des épis. La conséquence est tout à fait normale puisque durant la saison hivernale les sédiments issus des houles ouest sont distribués vers le côté Est ; alors que pendant la saison estivale les sédiments provenant de la dérive littorale Est sont piégés au niveau des épis et ne transitent donc pas vers le côté ouest ; rajouté à cela l'érosion due aux courants de retour issus des houles frontalesainsi que l'exploitation clandestine du sable.

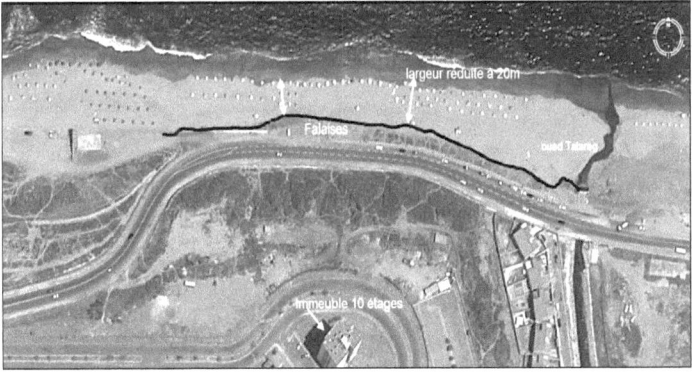

Figure 6 : Réduction des largeurs de plage zone 2.

Conclusion et recommandations

L'aménagement projeté en 1988 et réalisé avec une étude complète de géologie , de sédimentologie et aménagement en 2003-2005 a permis de stabiliser la 1ere entité géomorphologique s'étendant le long du boulevard « front de mer » au centre ville de Boumerdes. Néanmoins l'orientation des épis et surtout leur longueur aurait mieux joué sur le piégeage des sédiments et surtout la quantité.

En ce qui concerne la 2eme partie, il serait impératif de construire 3 autres épis exactement sur la continuité de ceux déjà implantés comme le montre la figure7, Ces derniers auront non seulement l'objectif d'agrandir les largeurs de plages mais également et plus particulièrement de préserver les falaises en amont où toute une cité est construite .

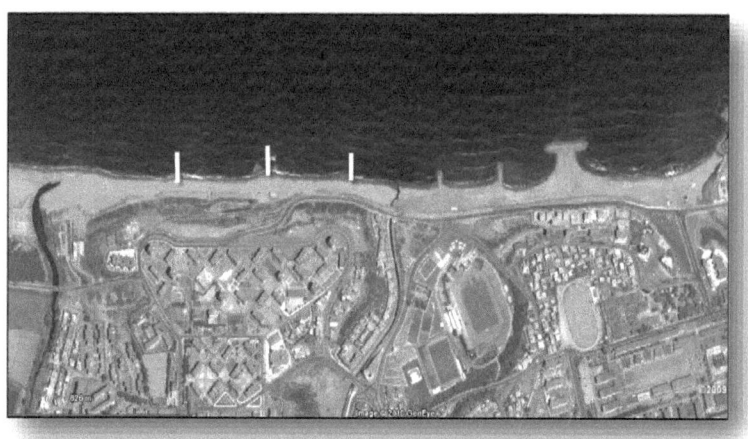

Conclusions générales

Notre travail est une contribution à un vaste programme d'étude du plateau continental algérien. Il s'intègre dans un thème de recherche plus spécifiquement orienté vers la définition des phénomènes morphostructuraux et sédimentologiques en zone côtière.

Cette étude a également une finalité appliquée consistant à dresser un constat sur l'évolution de l'érosion marine en zone littorale et de concevoir un système de protection adéquat à ce recul de La côte à Boumerdes.

Les caractéristiques géologiques de l'arrière pays immédiat sont définies par plusieurs unités s'intégrant dans le contexte général du domaine tellien.

Les déformations mio-plio-quaternaires sont responsables de la subsidence de la Mitidja et de la surrection des massifs anciens (Alger, Cap Matifou, Boumerdes ...) (Glangeaud 1952)

Ainsi entre les horsts de Matifou et celui de Boumerdes une partie de la côte est-algéroise limitée par les caps cités serait effondrée (terminaison du bassin néogène de la Mitidja orientale.).

Au Pliocène, les marnes bleues plaisanciennes transgressives et discordantes auraient comblé la cuvette formée par les plissements du Miocène inférieur.

- Le Pléistocène est surtout caractérisé par les différentes phases climato-sédimentaires, où chaque cycle climatique est suivi d'une régression se matérialisant par des formations continentales.

- Le passage Pléistocène-Holocène est marqué par la fin de la dernière glaciation (Würm), montrant ainsi une phase régressive découvrant des fonds de -110 mètres du plateau continental.

- L'Holocène, ou encore la transgression versilienne a été caractérisée par un épisode organogène montrant un paléorivage retrouvé dans notre région à des profondeurs de 80 à 100 mètres soit sous forme de lambeaux à l'extrême est de Zemmouri soit caché par la sédimentation actuelle et retrouvé à la base des carottes. Notons toutefois une sédimentation terrigène atteignant son maximum transgressif (-4000 ans BP), aux alentours du niveau actuel de la mer.

La tectonique récente a eu pour conséquence un soulèvement des blocs côtiers entrainant la déviation de lit de oued Isser ainsi que celui du Sébaou.

Dans l'étude hydrologique la répartition des dépôts sédimentaires superficiels ainsi que les mécanismes de leur mise en place est intimement lié aux conditions météo-océanologiques

Cette étude a fait ressortir en général annuellement 2 tendances majeures des vents et des houles: une direction Nord-est en période estivale, et une direction Nord à Nord-Ouest en période hivernale.

Morphologie sous-marine

De par sa position géographique, la grande baie de Zemmouri d'orientation Nord 310 en sa partie occidentale (région d'étude), reste très ouverte et donc très exposée à ces deux régimes hydrodynamiques régissant cette région. C'est sur ces directions de vents et de houle que se basera l'étude de modèles

D'ouest en est, le plateau continental est relativement étendu au niveau de la baie d'Alger (8 Km), puis se rétrécie devant les iles Sandja-Aguelli pour reprendre de nouveau au droit de oued Réghaia, tout juste à partir de «l'ilot Bounettah». Dans cette région, le plateau mesure 5 km.

La rupture de pente montrant le début du talus continental se situe entre 80 et 150 mètres. Ce dernier est entaillé de canyons à Zemmouri-el-Bahri et au cap Blanc, dont les têtes remontent jusqu'à l'isobathe -50 mètres, à 2000m du rivage, correspondant à la largeur du plateau continental dans cette zone

On remarque que le réseau de chenaux comprenant les canyons cités est orienté grossièrement NE-SW et s'étend latéralement de 18 Km. Avec une même extension en longueur de 18 km ce réseau s'estompe à environ 2000 mètres de profondeur.

De Zemmouri à Cap-Djinet le plateau a une largeur moyenne de 4 Km correspondant à la plus grande plage de la région (30 km).

Les petits fonds correspondant aux profondeurs 4 et 5m sont caractérisés par des rides d'avant côte très mobiles séparés par un sillon. Celles-ci sont dues à un hydrodynamisme côtier intense.

La ride majeure s'atténue en allant vers l'Est, puis s'atténue dans la partie extrême orientale de la région d'étude. Des affleurements rocheux sont visibles à Boudouaou-El-Bahri et au niveau des plages du Corso. Ces affleurements sont matérialisés par un platier gréso-coquillier qui n'est en fait que la continuité marine des petites dalles lumachelliques que l'on rencontre au sein des falaises littorales. Ces rides d'avant-côte sont souvent «percées» dans leur parties peu épaisses par les courants sagittaux qui à leur retour transfèrent les sédiments vers le large

Nature et répartition des stocks sédimentaires

Suivant leur nature et leur taille, les sédiments des dépôts superficiels de la baie de Zemmouri sont caractérisés par plusieurs types de faciès obéissant à la logique sédimentaire montrant une décroissance de la taille des éléments de la côte vers le large.

Le premier faciès caractéristique de la frange littorale et occupant des fonds de 0 à 15 mètres est composé d'un sable franc grossier.

Au-delà des fonds de - 15 à - 20 mètres (1500 mètres au large des côtes) la taille des grains devient progressivement plus réduite le faciès caractéristique de cette province est un sable fin vaseux ou faciès de transition entre les sables fins et les vases franches du large.

Transitant directement de ce faciès intermédiaire, le faciès vaseux ou lutitique occupe la partie septentrionale de la zone d'étude (zone occidentale)

Dans les sables grossiers >40 µm), une analyse modale a permis de déterminer 3 populations dimensionnelles:

Un faciès sableux grossier situé dans les petits fonds proches de la laisse des eaux, témoin d'un hydrodynamisme intense.

Un faciès sableux moyen représentant la majeure partie des sédiments côtiers de la région.

Un faciès "fin" ou faciès de transition, plus important à .1 'Est qu'à l 'Ouest

L'analyse et l'interprétation des paramètres et indices granulométriques de ces sédiments a permis de déterminer les modalités de transport de ces sédiments liés aux caractéristiques de l'hydrodynamisme régnant dans leur domaines respectifs.

L'étude sédimentologique de la fraction lutitique en zone occidentale (<40 µm) est basée sur 3 types de sédiments: les silts grossiers, les silts fins et les argiles. Leurs caractéristiques granulométriques principales représentent l'indice d'évolution N de Rivière, montrent que ces sédiments se sont déposés par excès de charge et par décantation.

Minéralogie lourde

La minéralogie du faciès sableux a défini un cortège minéralogique "lourd" et "léger" correspondant essentiellement à la fraction granulométrique comprise entre les tailles 160 et 80 um.

La nature de ces minéraux lourds est caractérisée par une proportion importante de Tourmaline, et à une moindre mesure par l'Hématite et par la Biotite. Les minéraux accessoires sont représentés par le Sphène et le Zircon.

La fraction minérale "légère" correspond au Quartz, à la Muscovite, à l'Orthose et à la calcite. Celle-ci représente l'essentiel de la fraction carbonatée de la zone d'étude.

La carte de distribution de la phase minérale "lourde" devant les oueds Boudouaou et Boumerdes montre que ces minéraux sont probablement originaires du complexe éruptif de Thénia et par le démantèlement des formations cristallophylliennes du "Rocher Noir", ce qui permet de conclure que l'essentiel de ces minéraux résulte d'apports fluviátiles restreints et de ruissellements littoraux.

Minéralogie argileuse

Minéralogiquement, les dépôts argileux en zone occidentale sont caractérisés essentiellement par l'association de la Kaolinite, de l'Illite et de la Chlorite.

Leur distribution spatiale montre que la Chlorite, argile la plus «lourde» se dépose aux alentours immédiats des embouchures.

L'illite est représentée sous forme de noyaux, conséquence de sa floculation, et enfin la Kaolinite qui est largement la plus représentée dans l'Est-algérois se dépose plus au large dans des domaines ou l'hydrodynamisme est plus calme.

L'origine des minéraux argileux provient des terrains Mio-pliocènes de l'arrière pays et notamment des marnes plaisanciennes mais aussi de la même origine que celle des minéraux sableux.

Ainsi donc, de l'observation des cartes et au vu de la distribution des différents minéraux argileux, on confirme quoiqu'un peu paradoxal que les oueds côtiers de la région de Boumerdes contribuent beaucoup à l'alimentation en sédiments donc en minéraux de cette région.

Dans la zone orientale de la baie de Zemmouri, le matériel fluviatile fourni à la mer présente un fort taux en particules fines originaire du bassin versant de l'Oued Isser. Ce dernier étant riche en formations marneuses, marno-calcaires et schisteuses, il n'est donc pas étonnant de constater que les argiles soient abondantes dans la baie de Zemmouri, puisque Oued Isser est le principal vecteur d'apport véhiculant les sédiments détritiques du domaine continental vers le domaine marin.

La granulométrie de la fraction lutitique suit une évolution progressive depuis le Pont de la Traille jusqu'à l'embouchure. En effet l'indice d'évolution N décroît de plus en plus que l'on s'approche de cette dernière passant ainsi du faciès sub-logarithmique au faciès hyperbolique.

L'Oued Isser présente un faible pourcentage sableux (9,89% en moyenne) d'où un faciès argilo-silteux. Les argiles sont constituées essentiellement de La kaolinite, en plus fortes teneurs (48,1% en moyenne), de l'illite (22,13%), d'interstratifiés et autres sédiments détritiques (18,33%) et de Chlorite (11,4 %).

La baie de Zemmouri présente, comme toute marge continentale, une diversité de faciès pouvant avoir des origines diverses continentales ou marines. La répartition granulométrique s'est donc faite selon des critères, non seulement bathymétriques, mais aussi hydrodynamiques et même climatologiques.

Plus de 70% des échantillons de la baie présentent des teneurs en argiles >à50% ;avec un stock silteux d'une teneur moyenne de 40%.

Notre étude met en évidence la dominance de la kaolinite dans le cortège argileux, les résultats confirment les travaux de Chamley (1975) et Leclaire (1970). Les pourcentages moyens des minéraux argileux sont les suivant ; Kaolinite 42,89%, l'illite 23,66%, la Chlorite 17,83% et les inerstratifiés 15,61%.

L'échantillon Z4, prélevé au niveau du canyon de Zemmouri présente le plus fort taux en argile (78%de la fraction lutitique), un pourcentage nul en silts grossiers indiquant que le prélèvement s'est fait au niveau des berges du canyon constituées uniquement de sédiments vaseux donnant par conséquent un faciès hyperbolique de décantation.

L'existence d'un envasement précoce en face de l'Oued Isser pourrait être argumentée par les trois facteurs suivants :

• Pourcentages très élevés en lutites (entre75% et 90%) à des profondeurs faibles, répartis au voisinage de l'Oued Isser

• Forts taux en silts fins en face de l'Oued Isser (Fig.5.14), occupant une auréole à teneurs supérieures à30%.

• Faciès hyperbolique ne concernant qu'un seul échantillon (Fl) proche de l'embouchure et situé à -20m de profondeur de la côte Ouest.

Particulièrement pour la marge algérienne, les minéraux argileux permettent de mettre en évidence ou de confirmer le changement climatique survenu en Afrique du Nord autour de -7500 à — 7000 ans PB passant de l'illite dominante à la kaolinite.

Modélisation

La modélisation de la dynamique côtière à l'avant côte du littoral occidental de la baie de Zemmouri a été déterminée à l'aide des codes de calcul Mike 21, avec une analyse et de la propagation des houles vers la côte avec tous les processus de transformation qui surviennent lors de la propagation de la vague vers la côte. Les résultats ont montré que dans la zone où l'expérimentation s'est faite le bilan sédimentaire a dévoilé que les plages de Réghaia et d'El Kadous affichent une tendance à l'érosion qui tend à diminuer rapidement. Cette tendance érosive s'inverse rapidement vers l'accrétion du côté ouest de la plage d'El Kadous et Déca plage.

A l'inverse, Les profils de transport sédimentaires obtenus à l'Est de Hadjrat Bounathah et Boudouaou El Bahri montrent une diminution du transit littoral d'Est en Ouest engendrant une situation d'engraissement des plages de cette zone.

Aménagement

Nous avons pris un exemple concret d'une portion de côte sujette à l'érosion marine et continentale (anthropique) pour laquelle on a dréssé un bilan sédimentaire et les résultats ont été présenté dans l'article exposé en fin du chapitre modélisation.

Recommandations

De toutes les cartes géologiques éditées nationales et internationales de la côte algérienne, de tous les articles édités, nous retrouvons toujours un blanc ou un vide entre la zone continentale et la zone marine franche. Le problème a déjà été soulevé lors des discussions ou missions internationales (mission Spiral 2010…), il serait temps de se pencher sur cette lacune des petits fonds pour voir plus clair….

Renforcer et imposer l'idée d'une étude d'impact sérieuse avant tout début de constructions ou réalisation d'ouvrage dans la bande côtière.

Bibliographie

AIT-KACI D. & PAUC H., 1982 : La couverture sédimentaire récente en baie de Bou-Ismaïl. Nature et structure ; XXVII^{ème}Congrès de la C.I.E.S.M. (Cannes).

AIT-KACI D., ALOISI J.C, ATROUNE F, BENSLAMA H., BENSLAMA L, BOUHMADOUCHE M., FOUDIL BOURAS A.E., PAUC H., & MOULFI A., 1991 : La sédimentation argileuse holocène sur la marge algérienne et le rôle des apports fluviátiles actuels en suspension. 3^{éme} Congrès Français de Sedimentologie ; Brest, n°3. 18, 19, 20 Nov. 1991.

AMOKIES D., 1990 : De l'existence d'un faciès coquillier relique en bordure externe de la plateforme continentale du golfe d'Arzew (Algérie occidentale) ; Rapport. Comm. Int. Mer Médit.. 32. p. 89.

ATROUNE F., 1993) : Etude de la sédimentation sur le plateau continental de Mostaganem (Algérie occidentale) : Rôle de l'oued Chellif et des organismes carbonates ; Thèse de a : s:er IST/U.S.T.H.B. Alger. 138 p.

AUZENDE, J.-M.1978, Histoire tertiaire de la Méditerranée Occidentale, Thèse de doctorat d'état, 152pp., Université Paris VII.

BAKIR M., 1992 : Etude de l'ostracofaune du plateau continental de l'oued Chellif et du golfe d'Arzew (marge algérienne) : Relations microfaune - environnement ; Thèse de Mag. IST/U.S.T.H.B. Alger. 54 p.

BELANTEUR O.,1989 : Petrologie des roches magmatiques néogènes de Thénia ; Thèse Magister : IST/U.S.T.H.B. Alger.121p.

BENSLAMA H. ; 2001 : Apports détritiques de l'oued Isser et rôle du canyon d'Alger dans la dynamique des sédiments du plateau continental de la aie de Zemmouri-el-Bahri . Thèse d Magister FSTGAT/USTHB 120p .

BERTHOIS L. ; 1975 :Etudes sédimentologique des roches meubles ; techniques et méthodes ; éditions Doin, 278p.

BETROUNI M., 1983 : Le pleistocène supérieur du littoral ouest-algérois ; Thèse 3^{ème}cycle ,Univ.Aix-Marseille 202p.

BENZOHRA M. & MILLOT. C, 1990 : Analyses des caractéristiques hydrologiques et circulation des masses d'eau dans la zone côtière algérienne. Camp. Océano. Franc. Bull. №11.

BOUAKLINE S, 2009 : Variations historiques de la ligne de rivage et érosion côtière le long de la côte entre Cap-Matifou et l'embouchure de oued Réghaia ; Mem.Magister FFSTGAT/USTHB ALGER ,160 p

BOUDIAF, A. 1996, Etude sismotectonique de la région d'Alger et de la Kabylie (Algérie): Utilisation des modèles numériques de terrain (MNT) et de la télédétection pour la reconnaissance des structures tectoniques actives: contribution à l'évaluation de l'aléa sismique. Thèse de doctorat, 274 pp., Université de Montpellier II.

BOUHMADOUCHE M. , BOUTIBA M. , 2012: Origine et distribution des minéraux lourds et des minéraux argileux dans la zone littorale de Boumerdes , Bull.Serv.Géol.Nat. Vol 23 , N°03 ;sous presse.

M. BOUHMADOUCHE. M, 2001 Suivi sédimentologique et minéralogique de la fraction fine du bassin versant de l'Isser a la baie de Zemmouri (Algérie) 36eme congres CIESM Monte-Carlo, Monaco

BOUHMADOUCHE M. 1995 : Sédimentologie du plateau continental Est-algérois. 3ème Congrès des Sciences de la terre, Tunis, 19.-24. Sept.. (Tunisie)

BOUHMADOUCHE, M., 1988. Impact de l'action anthropique et l'action de la mer sur le recul des falaises côtières de Boumerdes1^{er} sem. International sur l'envir. En Algérie, Constantine, 1988.

BOUILLIN, J.-P., DURAND DELGA, M., AND OLIVIER, P. 1986, Betic-Rifian and Tyrrhenian Arcs : Distinctive features, genesis and development stages. The origin of Arcs, in Developments in Geotectonics, edited by F.C. Wezel, 21, pp. 281-304, Elsevier

BOUTIBA M., 2006 : Géomorphologie dynamique et mouvement des sédiments le long de la côte sableuse jijelienne (est Algérie) ; Thèse doctorat d'état, FSTGAT/USTHB ALGER 252p.

BRACENE, R. 2001, Géodynamique du Nord de l'Algérie : impact sur l'exploration pétrolière. Thèse dedoctorat, 101 pp., Université de Cergy Pontoise

BRAIK D., 1989 : Etude de la dynamique sédimentaire devant Bou-lsmaïl : sédimentologie, morphologie, problèmes d'érosion et aménagement ; Thèse de Magister, IST/U.S.T.H.B. Alger, 174 p.

CASCALHO, 2000A, 2000bCascalho, J., 2000a.Mineralogia dos sedimentosarenosos da Margem Continental Setentrional Portuguesa.Ph.D. thesis, Lisbon University, 400pp.

CASCALHO, J., 2000B. Heavy mineral hydrodynamic behaviour—the example of the Portuguese.Margin, Faro, Portugal, pp. 253–254.

CAULET J.P., 1972 : Les sédiments organogènes du précontinent algérien ; Mém. Mus. Hist. Nat., Paris, Nouv. Sér. C, Se de la terre, t. XXV, fasc. I, pp.228.

CHAMLEY H., 1971 : Recherches sur la sédimentation argileuse en Méditerranée. Thèse d'état, Univ. d'Aix - Marseille, 401 p.

CUI, B., KOMAR, P., 1984. Size measures and the ellipsoidal form of clastic sediment particles.Journal of SedimentaryPetrology 54 (3), 783–797.

DAOUI, S., TOUHAMI, S., 1998. Sédimentologie et minéralogie de la fraction fine dans le bassin versant de l'Isser et la baie de Zemmouri. Mem. Ing. IST/USTHB, Alger; 110p

DEGIOVANNI-AZIZI R., 1978 : Les formations volcaniques du Cap Djinet ; Thèse de 3*™ cycle. Univ d'Alger. 80 p.

DJEDIAT Y. ; BOUHMADOUCHE M.1997 : Les phénomènes d'érosion du littoral Est-algérois : aspects hydrodynamiques, sédimentologiques et géotechniques.Engineering Geology and the Environment. editions Marinos, Koukis, Balkema, ROTTERDAM, ISBN 9054108770.

ROY, P., PAUC, H., AND DAN G. 2005, Active thrustfaulting offshore Boumerdes, Algeria, and its relations to the 2003 Mw 6.9 earthquake,Geophys. Res. Lett., 32, L04311, doi:10.1029/2004GL021646.

DOMZIG, A., 2006. Déformation active et récente, et structuration tectonosédimentairede la marge sous-marine algérienne, Thèse Doc.Univ. Bretagne Occidentale ; 319 P

DURAND-DELGA M., 1969 : Mise au point sur la structure du NE de la Berbérie ; Pub. Serv. Géol. Algérie, 39, pp. 89-131

DURAND-DELGA, M., AND FONBOTE, J.M. 1980, Le cadre structural de la Méditerranée occidentale, inGéologie des chaînes alpines issues de la Téthys, edited by J. Aubouin, J. Debelmas, M.Latreille, Colloque no 5, 26e Congrès géologique international, Paris, in: Mém. BRGM, pp. 67–85.

EI-HOUARI L., 1989 : Etude des foraminifères benthiques de la marge continentale algéroise (baie de Bou-lsmaïl) et leur relation avec les sédiments ; Thèse de Magister. IST/U.S.T.H.B., Alger.

FICHEUR E., 1890. Description géologique de la Kabylie du Djurdjura. Etude spéciale des terrains tertiaires ; Thèse Doc. D'Et. Paris. Fontana & Cie, édit. Ager.

.GIBBS, R., MATHEWS, D., LINK, D., 1971.The relationship between sphere size and settling velocity.Journal of SedimentaryPetrology 41, 7–18.

HEEZEN B.C., NESTEROFF W.D. & SABATIER G., 1960 : Répartition des minéraux argileux dans les sédiments profonds de l'Atlantique Nord et Equatorial ; C.R.A.S. (Paris). 251 ; pp. 410-413. Journal of Sedimentary Petrology 49, 553–562.

KOMAR, P.D. 2007.The entrainment, transport and sorting of heavy minerals by waves and currents. In: Mange, M.A., Wright, D.T. (Eds.), Heavy Minerals in Use. Developments in Sedimentology.

KOMAR, P.D., 1981. The applicability of the Gibbs equation for grain settling velocities to conditions other than quartz grains in water. Journal of SedimentaryPetrology 51,

LACOMBE H. & TCHERNIA P., 1972 : Caractères hydrologiques et circulation des eaux en Méditerranée ; The Mediterraneansea, Ed. D.J. Stanley, pp. 26-30.

LAPIERRE,F., KLINGEBIEL,A., 1966. Sur la répartition des sables recouvrant le plateau continental du golfe de Gascogne :interet des minéraux lourds, Paris : Gauthier-Vilars.

LECLAIRE L., 1972 : La sédimentation holocène sur le versant méridional du bassin Algéro-Baléares ; Th. Doc. d'Et., Fac. desSci. Paris, 382p.

MANGE, M.A., MAURER, H.F.W., 1992.Heavy Minerals in Colour. Chapman and Hall, London, 147pp.

MAOUCHE S., 1987 : Mécanismes hydrosédimentaires en baie d'Alger, (Algérie) : Approche sédimentologique, géochimique et traitements statistiques ; Th. Doc. 3^{em16} cycle, Univ. de Perpignan.

MILLOT C. ; 1987 : Circulation in the western Mediterranean sea; OceanologicaActa ,10,143-149.

MONACO A., 1975 : Les facteurs de la sédimentation marine argileuse. Les phénomènes physico-chimiques à l'interface ; Bull. B.R.G.M., 2^{eTM} série, section IV, pp. 147 -174.

MORTON, A.C., HALLSWORTH, C.R., 1999. Processes controlling the composition of heavy minerals assemblages in sandstones.Sedimentary Geology 124, 3–29.

MORTON, A.C., HALLSWORTH, C.R., 1999. Processes controlling the composition of heavy minerals,

MOULFI A., 1995 : Les mécanismes de sédimentation récente et les propriétés géotechniques des dépôts de la partie occidentale de la baie de Bou Ismail ; Thèse de Magister. IST/U.S.T.H.B., Alger. 187 p.

MURAOUR P., 1956 : Contribution à l'étude stratigraphique et sédimentologique de la basse Kabylie ; Bull. Ser. Carte Géol. Algérie №7.

OVCHINNIKOV I.M., 1966 : Circulation in the surface and intermediate layers of the Mediterranean. Oceanology, 6 :pp 48 - 59.

PASSEGA R., 1957 : Texture characteristic of clastic deposition ; Ann. Assoc. Petroleum Geologists. Bull. 41 ; 1952 -1984.

PAUC H.,1989 : L'intrusion saline et la dynamique des matériaux en suspension au contact fluvio-marin : régime de crue et régime d'étiage dans l'oued Mazafran (Ouest algérois) ; Marine Geology, pp.95-102.

PAUC H., 1991 : La nature minéralogique des apports en suspension sur la marge algérienne et leurs relations avec les sédiments ; 3ème Congrès Français de Sedimentologie, Brest; 18,19, 20 Nov 1991.

RIVIERE A., 1977 : Méthodes granulométriques : techniques et interprétations ; Ed. Masson Paris, 170 p.

G. ROSENBAUM, G. S. LISTER AND C. DUBOZ ; 2002:Reconstruction of the tectonic evolution of the western Mediterranean since the Oligocene TectonophysicsRosenbaum, G., Lister, G. S. and Duboz, C. 2002. Reconstruction of the tectonic evolution of the western Mediterranean since the Oligocene.Journal of the Virtual Explorer, 8, 107 - 126..

SAADALLAH A. ;1982 : Le massif cristallophyllien d'El-Djazair : evolution d'un charriage à vergence nord dans les internides des maghrébides Thes. Doct. FSTGAT/USTHB .

SALLENGER, A.H. JR., 1979. Inverse grading and hydraulic equivalence in grain-flow deposits.Journal of SedimentaryPetrology, v. 49, no. 2, p

SITARZ J., 1963 : Contribution à l'étude de l'évolution des plages à partir de la connaissance des profils d'équilibre ; Trav. CREO, V (2, 3, 4) 1 - 200.

SLINGERLAND, R.L., 1977. The effects of entrainment on the hydraulic relationships of light and heavy minerals in sands.Journal of SedimentaryPetrology 47, 753–770.

VESNINE B.,1971. Levé géologique de la feuille de Thénia et de Lakhdaria au 50 000 dans le cadre des travaux de recherche minière ; SONAREM (Inédit).

Oui, je veux morebooks!

i want morebooks!

Buy your books fast and straightforward online - at one of world's fastest growing online book stores! Environmentally sound due to Print-on-Demand technologies.

Buy your books online at
www.get-morebooks.com

Achetez vos livres en ligne, vite et bien, sur l'une des librairies en ligne les plus performantes au monde!
En protégeant nos ressources et notre environnement grâce à l'impression à la demande.

La librairie en ligne pour acheter plus vite
www.morebooks.fr

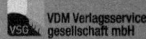
VDM Verlagsservicegesellschaft mbH
Heinrich-Böcking-Str. 6-8   Telefon: +49 681 3720 174   info@vdm-vsg.de
D - 66121 Saarbrücken   Telefax: +49 681 3720 1749   www.vdm-vsg.de

Printed by Books on Demand GmbH, Norderstedt / Germany